Sabine Baumgartner & Sabine Zemla

Hydrotherapie bei Hunden

Fit und gesund durch therapeutisches Schwimmen

Kynos

Konrad-Zuse-Straße 3, D-54552 Nerdlen / Daun
Telefon: 06592 957389-0
Telefax: 06592 957389-20
www.kynos-verlag.de

Grafik & Layout: Kynos Verlag

Bildnachweis: Sabine Baumgartner: S. 77, 113 (Archiv), 123 (Archiv), 132, 134, 135– 136 (Archiv), 142(GFK-Pool), 144 – 146, 150 – 156; Thomas Baumgartner: S. 11, 77, 90, 188; Karin Bierbaum: S. 138; Manuela Holstein: S. 153 – 156; Manuela de Martin: Gisela Rau: S. 62, 181; S. 130; Sabine Zemla: S. 36, 37, 65, 73, 75, 165 unten, 166, 178, 189;
© Novartis Animal Health: S. 120
Adobe Stock: S. oskar brunet 12 / 13; K. Thalhofer S. 15; caifas S. 17; marcink3333: S. 29; DoraZett: S: 28, 61, 68; IgorBarin: S. 27; Christoph Hähnel: S. 21; EnginKorlmaz: S. 19; focufinder: S. 23; uaxmann S. 30; Gina Sanders: S. 31; Martin Schlecht: S. 34, 83, 86, 96; cynoclub: S. 84 unten; sommart: S. 84 oben; vinicio tullio S. 39; Angelika Bentin: S. 40; kaschwei: S: 41; riluda: S. 52; muro: S. 56; Jodie Johnson: S. 58; Tropical Studio: S. 63; All about Ashley: S. 66; fongleon356: S. 69, 76; mrnai: S. 70; annette shaff: S. 71; Jan Sommer: S. 72; chalabala: S. 74; Mikkel Bigandt: S. 79, Dogs: S. 81, 165 oben; galitsin: S. 142 Mitte; Firma Polytherm: S. 142 rechts; Xaver Klaussner: S. 159; K.-U. Häßler: 161; Rolf Klebsattel: S. 170 oben; naturenow: S. 170 unten; EcoView: S. 171; krushelss: S. 172; dannyburn: S. 173; Caro S.: S. 177; K. Thalhofer: S. 179; mnikolaev: S. 183; sonne_fleckl: S. 184;
Shutterstock: Christian Müller: S. 48; Pornopawee Th: S. 80; pnsam: S. 82; Wasitt Hemwiarapornchai: 104; Champiofoto: S. 85; P.Fabian: S. 116; msgrafixx: S. 160;
Titelbild: oben: Adobe Stock@tlcj; unten Adobe Stock@DeamDaf
Illustrationen: Sandro Hagenbucher: S. 91 – 105

Gedruckt in Lettland

ISBN 978-3-95464-171-0

Mit dem Kauf dieses Buches unterstützen Sie die
Kynos Stiftung Hunde helfen Menschen
www.kynos-stiftung.de

Inhaltsverzeichnis

Vorwort

Geboren und aufgewachsen in der Nähe zur Nordsee, noch dazu als Tochter eines Kapitäns – da sollte man meinen, dass meine Beziehung zum Wasser schon immer eine vertraute war. Weit gefehlt. Sogar das Gegenteil war der Fall: Ich hatte lange regelrecht Angst vor dem Wasser. Dies änderte sich erst viele Jahre später, als ich mich als diplomierte Hundephysiotherapeutin dazu entschied, eine weitere Ausbildung zur Hundehydrotherapeutin zu machen.

Es war ein magischer Moment, als ich das erste Mal mit einem Hund im Schwimmbecken war. Das große Vertrauen, das dieser nasse, kranke und in eine Schwimmweste gepackte Hund mir entgegenbrachte, hat mich zutiefst berührt. Noch im Wasser stehend war mir klar, dass ich mir für meine Praxis unbedingt einen Pool anschaffen musste. In der Ausbildung zur Hundephysiotherapeutin konnte ich noch nicht wirklich abschätzen, welche positive Wirkung das therapeutische Schwimmen für Hunde hat. Aber genau diese erste Begegnung im Wasser zeigte mir den Weg, den ich künftig gehen wollte – und letztlich auch gegangen bin. Dafür bin ich sehr dankbar.

Dankbar bin ich auch meinem inzwischen verstorbenen Labrador Retriever Buddy, der mich durch seine schweren Erkrankungen wie Hüftdysplasie, Spondylose und Arthrose überhaupt erst zu meiner Entscheidung gebracht hat, Hundephysiotherapeutin zu werden. Erfreulicherweise ist in den letzten Jahren die Physiotherapie zum festen Bestandteil in der Rehabilitation und Gesunderhaltung von Hunden geworden.

Dass ich nun auch mit Hydrotherapie in der Lage bin, Hunden und ihren gesundheitlichen Problemen zu helfen, macht mich glücklich. Häufig sind jedoch die genauen Inhalte dieser Behandlungsform unklar, denn Physiotherapie und physikalische Therapie, zu der die Hydrotherapie zählt, werden oft gemeinsam genannt. Dabei sind die Anwendungsmöglichkeiten der Wassertherapie sehr vielfältig und lassen sich vor allem bei orthopädischen, traumatologischen und neurologischen Erkrankungen einsetzen. Eine spezielle und äußerst effektive Behandlungsform ist dabei das therapeutische Schwimmen.

Die medizinische und therapeutische Versorgung unserer Hunde wird zunehmend wichtiger. Dieses Buch soll Hundehaltern, Tierärzten und Hundephysiotherapeuten daher einen Einblick in die Hydrotherapie verschaffen und zeigen, dass gerade das therapeutische Schwimmen einen berechtigten Platz in der Fülle der verschiedenen Therapien hat. Die Erfolge, die mit dieser Therapieform erzielt werden, sprechen für sich.

Bichelsee, im September 2018
Sabine Baumgartner

1. Faszination Wasser

Ohne Wasser ist unsere Erde nicht vorstellbar. Mehr als zwei Drittel sind von Wasser bedeckt, und auch das Eis in den Polargebieten sowie das der Berggletscher ist Wasser in gebundener Form. Doch so, wie er heutzutage aussieht, sah unser Planet nicht immer aus. Es gab weder Kontinente noch Ozeane, alles war kahl und extrem heiß, umgeben von giftigen Gasen – von Wasser weit und breit keine Spur.

Wie Wasser auf die Erde gelangte, ist bis heute nicht eindeutig geklärt. Dafür gibt es zwei Hypothesen: Die erste besagt, dass die Erde bereits von Anfang an Wasser enthielt, der zweiten zufolge stammt es von Meteoriten oder Kometen, die auf den Planeten stürzten. Möglicherweise wirkten bei der Entstehung des Urmeers verschiedene Prozesse zusammen.

Letztlich waren und sind die Bedeutung und die Kraft des Wassers schon immer Teil der Menschheitsgeschichte. Nicht umsonst ranken sich um das flüssige Nass viele Mythen und Sagen.

Das Lebenselixier Wasser

Ohne Wasser geht im Leben nichts. Die Körper von Mensch und Hund bestehen zum größten Teil, nämlich zu etwa 70 Prozent, aus Wasser. Schon von daher ist Wasser von existenzieller Bedeutung.

Damit der Organismus einwandfrei funktionieren kann, braucht er nicht nur Flüssigkeit an sich, sondern auch die im Wasser enthaltenen Stoffe. Wassermangel kann zu weitreichenden gesundheitlichen Störungen führen. So kommt ein Hund in der Regel ohne nennenswerte Probleme einen längeren Zeitraum ohne feste Nahrung aus. Ohne Wasser kann er schon nach zwei Tagen bleibende Organschäden davontragen.

Über Wasser wird beim Hund nicht nur die Körpertemperatur reguliert, er benötigt es auch, um den körpereigenen Stoffwechsel aufrechtzuerhalten. So werden mit Wasser während der Verdauung die Nährstoffe aus der Nahrung gelöst und zu den Zellen transportiert, damit es zu keiner Unterversorgung kommt. Zudem werden dadurch giftige Stoffe im Urin aus dem Körper ausgeschieden.

Hunde benötigen an heißen Tagen eine entsprechend größere Menge an Wasser, um ihre Körpertemperatur niedrig zu halten. Doch Wasser ist nicht gleich Wasser, sprich Trinkwasser. Die Qualität spielt eine wichtige Rolle. So sollte unterwegs nicht aus Pfützen, Teichen oder anderen stehenden Gewässern getrunken werden, da sich hier krankheitserregende Bakterien stark vermehren. Gegen fließende Gewässer spricht dagegen nichts.

Auch die Ernährung spielt eine wichtige Rolle: Während Rohfutter einen Wasseranteil von etwa 75 Prozent hat, enthält Fertigfutter einen deutlich geringeren Anteil. Je nachdem benötigt ein Hund daher mehr oder weniger Trinkwasser.

Letztlich ist für den Wasserbedarf auch die Aktivität entscheidend. So liegt es auf der Hand, dass ein – vorausgesetzt gesunder – Couchpotatoe weniger Wasser benötigt als ein Hund, der regelmäßig Agility-Training betreibt, beziehungsweise betreiben muss. Denn je mehr sich der Hund bewegt, desto höher steigt seine Körpertemperatur und desto mehr Wasser benötigt er, um diese wieder herunterzukühlen.

Besonderes Augenmerk sollte auch auf die Gesundheit des Hundes gelegt werden. Leidet er etwa unter Durchfall, so verliert er viel Flüssigkeit, denn der Kot besteht dann bis

Wasserbedarf des Hundes

Wie viel Wasser ein Hund trinken soll, hängt von mehreren Faktoren ab.

- Außentemperatur
- Aktivität
- Allgemeiner Gesundheitszustand
- Ernährung

zu 90 Prozent aus Wasser, wo hingegen ein normaler Kot nur bis zu 75 Prozent aus Wasser besteht.

Entscheidend für die Hydrotherapie bei Hunden ist jedoch nicht die innere, sondern die äußere Wirkung des Wassers. Denn kommt die Haut mit kaltem oder warmem Wasser in Berührung, löst das umgehend bestimmte Reize aus. Diese Reize lassen sich zur Linderung oder gar Heilung von akuten und chronischen Krankheiten heranziehen. Auf diese Wirkungen des Wassers wird später noch ausführlich eingegangen. Die heilende Wirkung selbst liegt dabei größtenteils daran, wie man das Wasser anwendet.

Mythos Wasser

Das Thema Wasser war immer schon Bestandteil des kulturellen Lebens. So spielt es auch in der Welt von Mythen und Sagen eine große Rolle. Bei den Griechen hatte das Wasser eine eigene Gottheit, den Gott des Meeres, Poseidon, bei den Römern war es Neptun. Im Christentum und auch in anderen Religionen hat Wasser einen festen Platz, man denke nur an die große Sintflut, die die Welt vom Bösen reinigen soll, oder an Bestattungen der Toten im und auf dem Wasser.

Es ranken sich viele Mythen um Wassergeister. „Die kleine Meerjungfrau“ von Hans Christian Andersen oder „Das Wasser des Lebens“ der Gebrüder Grimm bekunden, wie präsent das Thema Wasser beispielsweise in Märchen war. Und Georg Friedrich Händels berühmte „Wassermusik“ oder etwa T.C. Boyles Roman „Wassermusik“ zeigen, dass auch Musik und Literatur schwerlich ohne dieses Element auskommen.

2. Einführung in die Wirkungsweise von Wasser

Um die Wirkungsweise des therapeutischen Schwimmens auf den Körper zu verstehen, muss man zunächst wissen, dass es sich beim therapeutischen Schwimmen als Teil der Hydrotherapie um eine physikalische Therapie handelt. Das bedeutet, dass bei einer hydrotherapeutischen Anwendung verschiedene physikalische Komponenten wirksam werden – wie etwa der hydrostatische Druck, die Auftriebskraft des Wassers, die Viskosität und die Temperatur. All dieser physikalischen Eigenschaften wegen eignet sich Wasser ganz hervorragend für eine Physiotherapie. Um letztere auch wirklich zum Wohl des Hundes anzuwenden, sollten allerdings die physikalischen Grundlagen bekannt sein, damit diese bei einer Therapie gezielt eingesetzt werden können.

Hydrostatik

Ob Pascalsches Gesetz oder das Prinzip des Archimedes: Warum das Wasser so wirkt, wie es wirkt, hat plausible und wissenschaftlich begründete Erklärungen.

Der hydrostatische Druck für Fluide berechnet sich nach dem Pascalschen Gesetz – benannt nach Blaise Pascal.

Eigenschaften des Wassers

Im Gegensatz zu den Teilchen, die einen festen Körper ausmachen, sind die Teilchen des Wassers flüssig und daher leicht beweglich. Sie können gegeneinander verschoben und getrennt werden. Wird lediglich auf einen Punkt der Wasserfläche Druck ausgeübt, bleibt dieser wirkungslos, da die Flüssigkeitsteilchen ausweichen können. Druckkräfte wirken nur auf Flächen fester Körper. Wird der Druck auf Flüssigkeitsteilchen in alle Richtungen und in gleichbleibender Größe übertragen, dann weitet er sich nach allen Seiten und in unveränderter Größe aus. Zudem passt sich eine Flüssigkeit der jeweiligen Form an, das heißt, sie umgibt einen eintauchenden Körper vollständig und übernimmt dessen Struktur.

Hydrostatischer Druck

Die Körperfunktionen eines jeden Lebewesens sind den Druckverhältnissen seines Lebensraumes angepasst. Bei Mensch und Hund als Landsäugetiere ist das der sie umgebende Luftdruck. Kommt es zu größeren Änderungen dieses Außendrucks, etwa auf einem sehr hohen Berg, kann es zu bestimmten körperlichen Reaktionen wie Atemnot oder Herz-Kreislaufproblemen kommen.

Im Wasser wirkt das Gewicht der Wassermenge, die einen umgibt, als zusätzlicher Druck, den man als hydrostatischen Druck bezeichnet. Die Höhe des Wasserdrucks ist allerdings unterschiedlich: Je weniger Wasser man über sich hat, desto geringer ist der Druck.

Wasserdruck wirkt sich zudem gleichmäßig auf die gesamte Körperfläche aus und die Druckdifferenz zwischen Körper und Umgebung wird geringer. Deshalb sollte daran gedacht werden, dass es bei kranken und alten Hunden im Wasser zu Herz-Kreislaufproblemen kommen kann. Denn durch den hydrostatischen Druck auf das venöse Gefäßsystem steigt auch die Mehrbelastung des Herzens. Das bedeutet, je tiefer der Hund im Wasser ist, umso mehr muss sein Herz arbeiten. Einem gesunden Hund bereitet das keinerlei Probleme, einem älteren oder kranken aber unter Umständen schon.

Dichte

Die Dichte ist eine Konstante, die sich aus dem Verhältnis von Masse zu Volumen definiert. Im Allgemeinen setzt man Masse mit Gewicht gleich. Danach hat ein Liter Wasser ein Gewicht von einem Kilogramm und somit eine Dichte von einem Kilogramm pro Liter. Zwischen Wasser und Hund besteht kaum ein Dichteunterschied, da der Hund zu einem großen Teil aus Wasser besteht und seine Dichte ähnlich wie die von reinem Wasser ist.

Doch kann ein und derselbe Stoff eine unterschiedliche Dichte haben, wenn sich die Temperatur ändert. Das bedeutet, je kälter das Wasser ist, umso höher ist die Dichte. Damit hat Eis eine größere Dichte als Wasser und Wasserdampf eine geringere als Wasser.

Die Dichte wiederum ist relevant für den hydrostatischen Druck. Dieser ist umso größer, je tiefer der Körper sich im Wasser befindet und je dichter die Flüssigkeit ist. Da der Organismus des Hundes wie der des Menschen stark wasserhaltig ist, wirkt der konstante Druck des Wassers besonders auf die Weichteile und kann wiederum Ödemen und Schwellungen entgegenwirken, weil er eine Ansammlung von Gewebeflüssigkeiten reduziert. Außerdem steigert Bewegung im Wasser die Blutzirkulation. Beim Stehen im Wasser wiederum erleichtert der hydrostatische Druck den Fluss von Lymphe und venösem Blut, wodurch Schmerzen aufgrund von Schwellungen nachlassen.

Auftriebskraft

Nach dem Archimedischen Prinzip verliert jeder Körper im Wasser so viel an Gewicht, wie die von ihm verdrängte Flüssigkeitsmenge wiegt. Ist der Auftrieb größer als die Erdanziehungskraft, dann treibt ein regungsloser Körper im Wasser, ist der Auftrieb kleiner als die Schwerkraft, dann geht er unter.

Grundsätzlich ist etwas in der Lage zu schwimmen, wenn die Erd-

Das Gesetz des Auftriebs ist nach Archimedes benannt.

anziehungskraft durch die Auftriebskraft des Wassers kompensiert werden kann. Bei schwimmenden Körpern kommen Auftriebskraft und Erdanziehungskraft ins Gleichgewicht. Dabei gilt: Je größer die verdrängte Wassermenge, desto größer ist die Auftriebskraft. Es kann auch sein, dass etwas komplett ins Wasser eintaucht, die Auftriebskraft aber nicht ausreicht, um die Erdanziehungskraft auszugleichen. Ist das der Fall, dann kann der Körper nicht schwimmen, sondern geht unter, wie beispielsweise ein Stein. Hat ein Körper dagegen dieselbe Dichte wie die des Wassers, dann schwebt er im Wasser, wie etwa ein Fisch.

Die Ursache des Auftriebs ist der Druckunterschied im Wasser, was wiederum eine Folge des hydrostatischen Druckes ist. Denn dieser nimmt nach unten konstant zu, weshalb er an den Pfoten des Hundes immer höher ist als an dessen Kopf. Aus dieser Druckdifferenz resultiert letztlich der nach oben gerichtete Auftrieb.

Die Auftriebskraft des Wassers ist in der Rehabilitation von Hunden von großer Bedeutung, da alle Bewegungen, die normalerweise gegen die Erdanziehungskraft geleistet werden müssen, hier noch ausgeführt werden können. So kann im Wasser beispielsweise bei hochgradiger Muskelatrophie, Paresen oder schmerzhaften Gelenkbeschwerden trotzdem eine Bewegung stattfinden. Auch wenn der Hund sich selbst nicht mehr bewegen kann, ist eine passive Bewegung mithilfe eines Therapeuten immer noch möglich. Durch die im Wasser stattfindende Druckentlastung, Schmerzminderung und Muskelentspannung lassen sich nicht nur einzelne Gelenke wieder mobilisieren, eine Hydrotherapie verbessert auch die Beweglichkeit des Hundes im Ganzen.

Allerdings ist es dabei wichtig, dass Bewegungen gezielt, das bedeutet dem Hund und seinen Beschwerden angepasst, erfolgen. Eventuell müssen Gelenke stabilisiert werden, um ihn kontrolliert zu mobilisieren. Deswegen unterscheidet sich für die Rehabilitation eines Hundes das Schwimmen mit einem Therapeuten wesentlich von dem reinen Schwimmen im See mit seinem Besitzer.

Durch seine gewichtsreduzierende Wirkung stellt der Auftrieb eine Bewegungsunterstützung dar. Hunde können so Bewegungsabläufe mit geringster Muskelkraft durchführen. Die mechanische Wirkung des Auftriebs unterstützt auch das aktive Bewegen, wenn es langsam vorgenommen wird. Eine Verbesserung der Muskelkraft ist letztlich auf Dauer nur durch den Strömungswiderstand zu erreichen, also nur durch Schwimmen.

Leichtgewicht dank Auftrieb

Durch die Auftriebskraft wiegt ein 30 Kilogramm schwerer Hund im Süßwasserbad, wenn er bis zum Hals im Wasser ist, quasi nur noch ein Zehntel seines eigentlichen Gewichtes, also gerade mal drei Kilogramm.

Je höher das spezifische Gewicht des Wassers ist, desto leichter wird auch der Körper, der darin eintaucht. Meerwasser mit einem Salzgehalt von etwa vier Prozent hat eine höhere Dichte als Süßwasser. Denn im Gegensatz zu reinem Wasser finden sich hier zusätzlich gelöstes Natrium und Chlor, die sich als Ionen zwischen den Wassermolekülen bewegen. Daher ist der Auftrieb in Salzwasser größer und trägt den Hund noch besser.

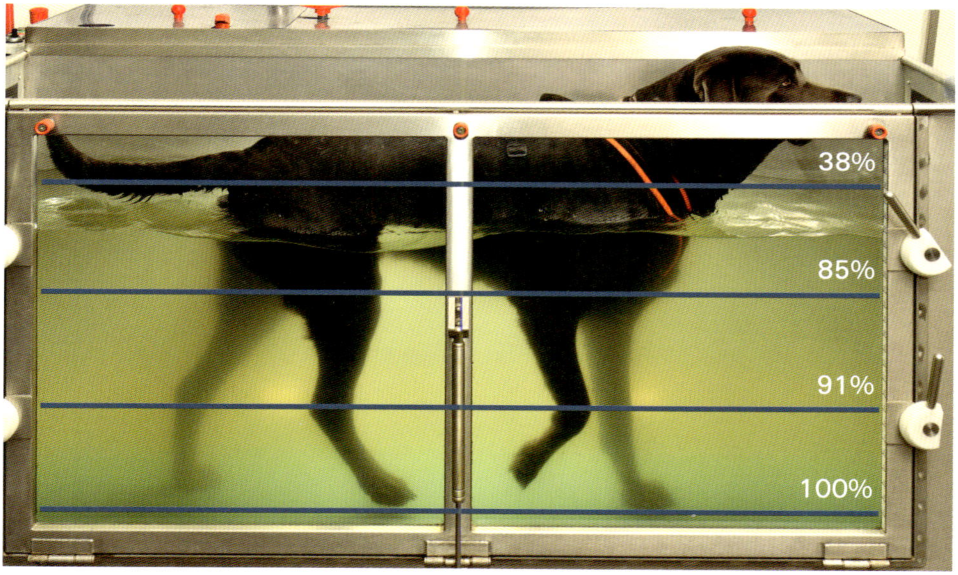

Je niedriger der Wasserstand im Unterwasserlaufband ist, umso mehr Kraft muss der Hund aufwenden, um vorwärts zu kommen.

An Land bringt der Hund 100 Prozent seines Gewichts auf die Waage. Je tiefer er im Wasser steht, umso geringer ist das Gewicht, das er zu tragen hat. Reicht das Wasser

- bis zum Sprunggelenk – sind es noch 91 Prozent
- bis zum Kniegelenk – sind es noch 85 Prozent
- bis zur Hüfte – sind es noch 38 Prozent

Hydrodynamik

Neben der Hydrostatik, also der Wirkung des ruhenden Wassers auf einen Körper, existiert noch die Hydrodynamik. Sie beschreibt das Verhalten des bewegten Wassers, der so genannten Strömung, und behandelt die Gesetzmäßigkeiten inkompressibler, strömender Flüssigkeiten, deren Dichte immer konstant bleibt.

Reibungswiderstand

Wenn ein Körper sich im Wasser bewegt, muss er einen gewissen Widerstand überwinden. Je schneller er sich bewegt und je größer dabei die bewegte Fläche ist, umso größer ist auch der so genannte Reibungswiderstand. Er beruht auf den kohäsiven und viskösen Eigenschaften des Wassers.

Die Kohäsion, also die Bindungskraft der einzelnen Wassermoleküle, entsteht durch die Anziehungskraft der Moleküle untereinander, der so genannten Adhäsion. Viskosität dagegen ist die Fließfähigkeit der unterschiedlichen Stoffe. Dabei gilt: Je höher die Viskosität einer Substanz ist, desto zähflüssiger ist diese, wie etwa Honig. Eine geringe Viskosität hingegen weist auf höhere Fließfähigkeit hin, wie etwa beim Wasser.

Kohäsions- und Viskositätskräfte behindern und erschweren jede Bewegung eines Körpers im Wasser. Das ist der Grund, warum sich Bewegungen im Wasser nicht im gleichen Tempo wie an Land durchführen lassen, denn die Viskosität der Luft ist in etwa 800 Mal kleiner als die des Wassers.

Der dadurch entstehende Reibungswiderstand des Wassers lässt sich therapeutisch nutzen, um Muskeln zu kräftigen, die sich durch Atrophie oder Paresen nicht oder kaum mehr bewegen lassen. Denn dank des Widerstandes können Bewegungen durchgeführt werden, die ansonsten schwierig oder gar nicht zu realisieren wären. Durch die Anstrengung, gegen den Widerstand anzukämpfen, wird neben den Muskeln auch das Herz-Kreislaufsystem trainiert. Der Reibungswiderstand selbst steigt proportional zur Geschwindigkeit der Bewegung. Das bedeutet: Verdoppelt sich die Geschwindigkeit, so wächst der Widerstand um das Vierfache.

Für eine Hydrotherapie besitzt die Viskosität noch einen weiteren, entscheidenden Vorteil: Der Körper wird im Wasser stabilisiert. So kann ein geschwächter oder gelähmter Hund, der nicht mehr in der Lage ist, sich auf den Beinen zu halten, aufgrund des Auftriebs und der Viskosität im Wasser stehen und eventuell sogar laufen. Der Widerstand des Wassers bewirkt, dass der Hund Reize erfährt, die denen einer Massage ähneln und regulierend auf das vegetative Nervensystem wirken, was wiederum Sinne des Tieres angeregt und seine Körperwahrnehmung fördert.

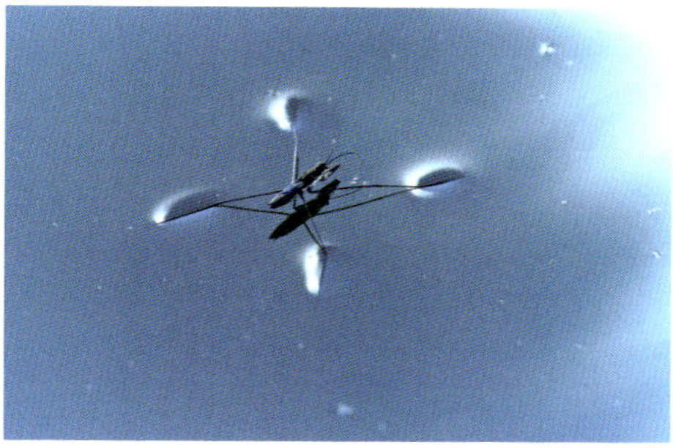

Die Wasserhaut macht es überhaupt erst möglich, dass manche Tiere auf dem Wasser laufen können, wie hier etwa der Wasserläufer.

Oberflächenspannung

Als Wasseroberfläche bezeichnet man die Grenze zwischen den Elementen Wasser und Luft. An ihr ist die Anziehungskraft zwischen den einzelnen Wassermolekülen stärker, sodass es zu einer Oberflächenspannung kommt.

Verantwortlich für diese Oberflächenspannung sind Kohäsionskräfte: Wassermoleküle an der Oberfläche bilden Wasserstoffbrückenbindungen in alle Richtungen mit den vorhandenen Molekülen. An der Wasser-Luft-Grenze können sie sich oberhalb aber mit keinen anderen Molekülen zusammenschließen. Daher entstehen stärkere Bindungen zu den benachbarten Molekülen. Diese Bindungen führen dazu, dass sich die Oberfläche des Wassers spannt und eine Art von Haut bildet.

Außerdem spielt bei der Oberflächenspannung auch die Temperatur des Wassers eine Rolle. Sie nimmt bei steigender Temperatur ab, weil die Moleküle ihren Abstand zueinander vergrößern und so die Anziehungskräfte nachlassen.

Durch die Oberflächenspannung ist eine Bewegung an der Oberfläche kraftraubender als in tieferem Wasser. Für Hunde in der Hydrotherapie bedeutet das, dass ein Durchbrechen der Wasseroberfläche mit den Beinen wesentlich anstrengender ist und sie mehr Kräfte aufbringen müssen als unter Wasser. Deshalb sollte bei Gelenkbeschwerden der Wasserstand im Unterwasserlaufband beim Laufen mindestens bis über das betroffene Gelenk reichen.

3. Temperaturempfindung im Wasser

Die Haut des Hundes dient wie die des Menschen in erster Linie zur Abgrenzung zwischen Körper und Umwelt. Sie ist das größte Organ und erfüllt daneben noch zahlreiche andere Funktionen des Organismus. Unter anderem fungiert sie als Kontakt- und Sinnesorgan und ist damit auch zur Reizaufnahme fähig. Für diese Oberflächensensibilität ist sie mit unterschiedlichen Rezeptoren ausgestattet, unter anderem auch mit Thermorezeptoren, die wiederum für den Temperatursinn verantwortlich sind. Als Thermorezeptoren dienen hierfür freie Nervenzellendigungen in der Haut. Sie erzeugen Aktionspotenziale (Nervenimpulse), deren Frequenz sich abhängig von der Temperatur verändert. Diese Impulse werden über Nervenfasern bis zum Gehirn weitergeleitet. Thermorezeptoren dienen somit der unmittelbaren Temperaturwahrnehmung zwischen Körper (innen) und Umwelt (außen). Hunde verfügen wie Menschen dabei über zwei Qualitäten der Temperaturempfindung: den Kälte- und den Wärmesinn.

Taucht ein Körper nun in Wasser ein, erfährt er als ersten Reiz auf der Haut die Temperatur. Im Vergleich zur Luft wird die Temperatur des Wassers dabei vollkommen anders empfunden, da Wasser eine höhere Leitfähigkeit als Luft besitzt.

Kälte- und Wärmesinn

In der Hydrotherapie verwendet man unterschiedlich warm und kalt temperiertes Wasser. Dementsprechend ist es wichtig zu wissen, was unter einem warmen oder kalten Wasser zu verstehen ist und wie sich die unterschiedlichen Temperaturbereiche auf den Organismus auswirken.

Eine angenehme Wassertemperatur liegt bei Hunden zwischen 29 und 35 °C. Hier entspannen sie, und Übungen lassen sich effektiv durchführen. Ist das Wasser zu kalt, also liegt es zwischen 22 und 25 °C, kommt es zu einer Gefäßverengung (Vasokonstriktion) und einer Steigerung des Muskeltonus. Die Vierbeiner fühlen sich unwohl, und ein Training bei diesen Temperaturen wirkt sich eher kontraproduktiv aus. Bei Wasser über 35 °C kommt es dagegen zu einer schnellen Überhitzung des Körpers, was wiederum zu Herz-Kreislaufproblemen führen kann.

Den Maßstab für eine wohlige Wärme bildet die Indifferenztemperatur, also die Außentemperatur, bei der ein Körper ein Minimum an Wärmeregulation betreiben muss, um seine Temperatur stabil zu halten. Beim Menschen liegt diese zwischen 27 und 31 °C. Beim Hund liegt sie etwas darüber, da seine Körpertemperatur höher ist als beim Menschen. Prinzipiell gilt aber: Temperaturen unterhalb des Indifferenzbereichs werden als kalt, oberhalb als warm empfunden.

Dass unterschiedliche Temperaturen wahrgenommen werden, liegt an zwei Arten von Hautrezeptoren: den Kälte- und den Wärmerezeptoren. Sie befinden sich zum einen in verschiedenen Hautschichten – die Kälterezeptoren liegen oberflächlicher als die Wärmerezeptoren –, zum anderen unterscheiden sie sich in ihrer Anzahl. So gibt es etwa acht Mal mehr Kälterezeptoren als Wärmerezeptoren in der Haut.

Im Bereich der Indifferenztemperatur empfangen diese Rezeptoren keinerlei Signale von außen, vermitteln daher weder ein Kälte- noch ein Wärmeempfinden und der Körper befindet sich in seiner Wohlfühltemperatur.

Wärmeleiter Wasser

Die Intensität, mit der Temperaturänderungen und Temperaturunterschiede wahrgenommen werden, ist nicht allein abhängig vom jeweiligen physikalischen Kälte- und Wärmegrad, sondern auch von der Qualität des Wärmeleiters. Ein guter Wärmeleiter gibt die Temperatur schneller an den Körper ab als ein schlechter. Zwar zählt Wasser im Vergleich zu Metallen zu den schlechten Wärmeleitern. Da es aber eine 23 Mal größere Leitfähigkeit als Luft besitzt, ist es im Vergleich zur Luft aufgrund seiner hohen Wärmekapazität der bessere Wärmeleiter.

Die Wärmekapazität ist auch der Grund, warum dem Körper im Wasser ein Vielfaches mehr an Wärme entzogen werden kann. Denn Wärmeleitung ist ein physikalischer Vorgang, bei dem es bei Bestehen eines Temperaturgefälles zu einer direkten Übertragung der Wärme kommt – stets von warm zu kalt. So hält der Indifferenzbereich im Wasser durch eine konstante Wärmeabgabe nur für kurze Zeit an. Danach kommt es rasch zur Auskühlung. Der Grad der Auskühlung ist abhängig von der Aufenthaltsdauer im Wasser und davon, ob der Hund sich bewegt oder nicht.

Deswegen erwärmen sich Hunde in warmem Wasser in kürzerer Zeit als in warmer Luft. Allerdings kühlen sie in kaltem Wasser auch schneller ab als bei kalten Lufttemperaturen.

Mechanismen der Wärmeübertragung

Die Übertragung von Wärme kann auf drei Arten erfolgen: durch Wärmeleitung, Wärmeströmung und Wärmestrahlung.

Unter Wärmeleitung versteht man den Wärmefluss in einem Feststoff oder einem ruhenden Fluid infolge eines Temperaturunterschiedes. Wärme fließt dabei immer nur in Richtung der geringeren Temperatur.

Bei einer Wärmeströmung, auch Konvektion genannt, wird Wärme durch strömende Flüssigkeiten wie etwa Wasser oder strömende Gase wie etwa Luft übertragen. Wie viel Wärme durch eine Konvektion übertragen wird, ist abhängig von dem Stoff, der die Wärme transportiert, von der durchströmten Fläche, von der Temperaturdifferenz, von der

Strömungsgeschwindigkeit und von der Zeit.

Die Wärmestrahlung ist eine elektromagnetische Strahlung, die jeder Körper abhängig von seiner Temperatur emittiert. Sie verkörpert eine Wärmeübertragung, bei der Wärme durch elektromagnetische Wellen wie etwa bei einem Infrarotlicht übertragen wird.

In der Luft gibt der Hund überschüssige Wärme durch Leitung, Strahlung und Verdunstung ab. Im Wasser erfolgt eine Wärmeübertragung ausschließlich durch Leitung und Konvektion.

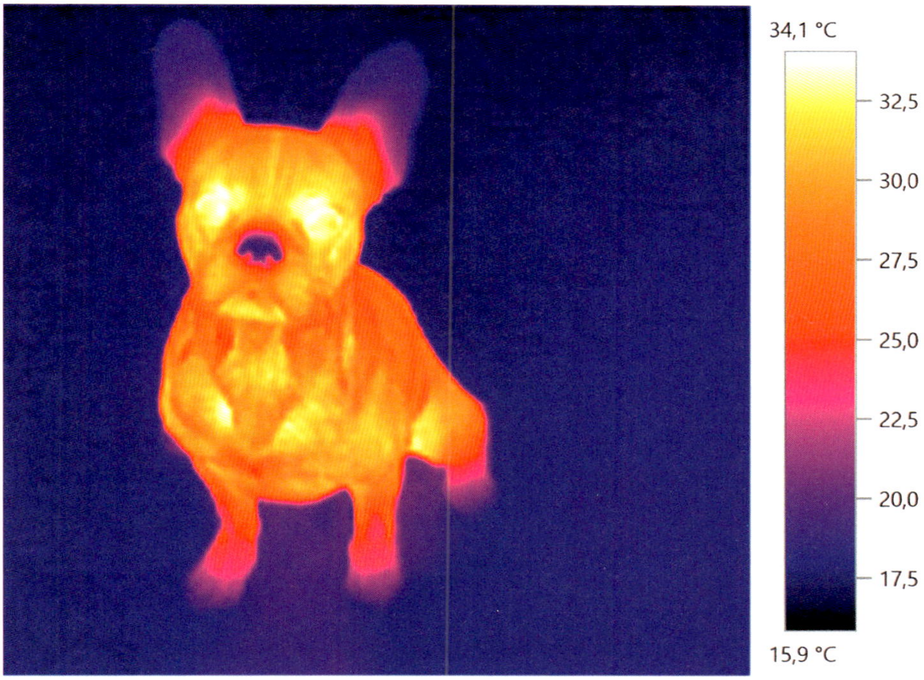

Auf diesem Wärmebild einer Französischen Bulldogge lässt sich gut erkennen, dass Infrarotstrahlung in Zusammenhang mit thermischer Energie steht. Je wärmer die Zonen eines Objekts sind, umso intensiver leuchten sie.

Thermoregulation beim Hund

Hunde gehören wie alle Säugetiere zu den homoiothermen Tieren. Das bedeutet, dass sie trotz wechselnder Umgebungstemperaturen über Regulationsmechanismen verfügen, ihre Körpertemperatur auf einem konstant hohen, gleich warmen Level zu halten und diese in gewissem Rahmen zu steuern. Dazu sind sie über die bereits erwähnten Mechanismen in der Lage. Die Erhaltung einer gleichbleibenden Körpertemperatur ist zwingend für eine Lebenserhaltung. Es handelt sich dabei um eine Homöostase (siehe Kasten).

Auch das Unterhautfett hat durch seine geringe Wärmeleitkapazität einen Einfluss auf die Wärmeabgabefähigkeit eines Organismus – vor allem bei sehr adipösen Tieren.

Homöostase

Hömoostase löst ein dynamisches Gleichgewicht aus und ist damit essenziell für Lebenserhaltung und Funktion eines Organismus oder eines Organs.

- Mit Hilfe von Regelsystemen wie Blutkreislauf, Körpertemperatur, Wasser- und Elektrolythaushalt ist die Aufrechterhaltung des inneren Körpermilieus möglich. Die Regulation erfolgt dabei durch Hormone, Reflex- und Instinktverhalten, aber auch durch Anpassung, erworbene Gewohnheiten oder bewusste Willenshandlungen.
- Steigt oder sinkt die Körpertemperatur zu stark, steuert der Organismus mit regulatorischen Maßnahmen gegen, um die Homöostase zu erhalten.

Aus Effizienzgründen ist nur der Körperkern, bestehend aus dem Rumpf und dem Hirn, strikt homoiotherm. Die Körperschale, also die äußeren Schichten des Körpers wie Haut und Muskulatur, ist kühler als das Körperinnere. Von daher existiert im Körper ein Temperaturgefälle vom Körperkern zur Körperschale. Die Körperschale ist lediglich bei warmen Umgebungstemperaturen homoiotherm. Bei kühleren Außentemperaturen liegt sie bisweilen weit unter der Temperatur des Körperkerns. Dank einer Wechselbeziehung zwischen Körperkern und Körperschale und eines präzisen Regelsystems ist der Wärmehaushalt aber trotzdem gesichert.

Hunde können Wärmeabgabe gut regulieren: Je geringer die Außentemperaturen sind, umso weniger wird die Haut durchblutet und umso kleiner ist dadurch der Wärmeverlust.

Hunde haben genau wie Menschen eine relativ konstante Körperkerntemperatur, die bei erwachsenen, gesunden Hunden in der Regel zwischen 37,5 bis 39 °C, bei Welpen bis 39,5 °C, liegt. Auch beim Hund wird die Thermoregulation in den lateralen Kernen des Hypothalamus im zentralen Nervensystem gesteuert. Hier werden Temperaturveränderungen im Körper und auf der Haut wahrgenommen und Gegenmaßnahmen eingeleitet.

In der Hydrotherapie wird die Thermoregulation zu verschiedenen Therapiezwecken genutzt.

Die einfachste Art der Thermoregulation ist beim Hund die Steuerung der Wärmeverluste über sein Verhalten, indem er seine Körperoberfläche durch Zusammenrollen verkleinert.

Einwirkungsmöglichkeiten auf den Wärmehaushalt

Wärmebildung
- Nahrungsaufnahme
- Bewegung
- Muskelarbeit
- Organfunktion

Wärmeabgabe
- Pfoten
- Zunge
- Atmung
- Haut

Konstante Körpertemperatur

Künstliche Wärmezufuhr
- Whirlpool, Bad
- Kirschkern- und Kräuterkissen
- Infrarotlicht
- Heiße Rolle, Wärmflasche, HotPack
- Wickel, Packungen

Künstliche Wärmeabgabe
- Kalte Bäder
- Eislolly
- Wärme entziehende Wickel

4. Hydrotherapie

Zwei Teile Wasserstoff gepaart mit einem Teil Sauerstoff – relativ schlicht liest sich die chemische Zusammensetzung des Elements Wasser H2O. Doch so unscheinbar diese simple Formel auch klingen mag, hinter ihr steckt eine Menge Kraft. Denn neben der inneren wird auch der äußerlichen Anwendung von Wasser eine heilende Wirkung zugesprochen. Dabei fallen sämtliche Methoden, die äußerlich angewendet werden, unter dem Oberbegriff Hydrotherapie.

Was versteht man unter Hydrotherapie?

Die Hydrotherapie (von altgriechisch hýdor = Wasser und therapía = Therapie) oder auch Wassertherapie ist mittlerweile ein fester Bestandteil der Physiotherapie, obgleich sie eine physikalische Therapie verkörpert. Denn sie wurde aus der wissenschaftlichen Theorie der Strömungslehre, den Eigenschaften des Wassers, der Bewegung und der Physiologie entwickelt.

Die Hydrotherapie fasst medizinische Behandlungsformen zusammen,

Hinter dem Element Wasser steckt eine gewaltige Kraft. Neben der inneren wird auch der äußeren Anwendung von Wasser eine heilende Wirkung nachgesagt.

die natürliche Reaktionen auf äußere Reizsetzungen nutzen. Wirkung und Wirksamkeit lassen sich dabei mit dem so genannten Reiz-Reaktions-Prinzip, den physiologischen Reaktionen des Körpers auf äußere Reize, erklären. So lässt sich mit dem thermischen Reiz des Wassers arbeiten – also der Fähigkeit, Kälte und Wärme zu übertragen – oder dem mechanischen Reiz in Form von beispielsweise hydrostatischem Druck sowie Auftriebs- und Reibungswiderstand. Ausführlicheres hierzu findet sich in den folgenden Kapiteln.

Letztlich versteht man unter Hydrotherapie die äußerliche Anwendung von Wasser zur Behandlung akuter und / oder chronischer Beschwerden, zur Stabilisierung von Körperfunktionen, zur Gesundheitsprävention, zur Rehabilitation und / oder zur Regeneration. Die einzelnen Behandlungsmethoden unterscheiden sich dabei ebenso wie der Aggregatzustand des Wassers, nämlich fest, flüssig oder gasförmig.

Behandlungsmethoden

Je nachdem, welcher Aggregatzustand des Wassers bei der Hydrotherapie angewandt wird, existieren unterschiedliche Anwendungsmethoden.

Thermotherapie

Die Thermotherapie bedient sich der thermischen Reize des Wassers. So kann man dem Körper gezielt Wärme zuführen oder eben auch entziehen, um die gewünschte Wirkung zu erzielen. Demnach gehören zur Thermotherapie sowohl die Kälte- als auch die Wärmetherapie. Der Aggregatzustand des Wassers spielt hier zunächst keine Rolle.

Kryotherapie

Bei einer Kältetherapie, der so genannten Kryotherapie (von altgriechisch kryos = kalt), nutzt man Kälte zur Behandlung verschiedener Beschwerden. Dabei lassen sich vom kalten Wickel bis hin zum Einsatz von Eis an lokalen Stellen ganz unterschiedliche Mittel einsetzen, um die gewünschte Wirkung zu erzielen. Sinn der Kryotherapie ist es, den Temperaturunterschied zwischen warmem Körper und einer kalten Umgebung beziehungsweise einem kalten Therapiemittel auszunutzen. Das gewünschte Ziel der Kältetherapie ist der Wärmeentzug des zu behandelnden Gewebes und dient zumindest einer kurzfristigen Schmerzreduzierung. Doch auch eine Abkühlung des ganzen Körpers kann angewandt werden, um etwa hohes Fieber schnell zu senken.

Grundsätzlich muss die kurzfristige Anwendung der Kältetherapie von der Langzeitanwendung unterschieden werden, da sie unterschiedliche Wirkungen erzielt.

Die entzündungs- und schmerzhemmende Wirkung von Kälte ist bei Prellungen und Zerrungen längst

Eine Kryotherapie hat folgende Wirkungen

- **Verminderung der Durchblutung:** Die Blutgefäße ziehen sich zusammen und es kommt zu einer Vasokonstriktion (Gefäßverengung). Bei längerer Kälteeinwirkung kommt es zur Herabsetzung der Kapillarpermeabilität (Durchlässigkeit kleinster Blutgefäße), wodurch vor allem Ödeme (Wassereinlagerungen im Gewebe) verringert werden.
- **Hemmung von Entzündungen:** Eine längerfristige Kryotherapie führt neben der geringeren Durchblutung auch zu einer Herabsetzung des Zellstoffwechsels und zu einer deutlichen Abschwächung von Entzündungsprozessen.
- **Linderung von Schmerzen:** Mit zunehmender Abkühlung werden Gewebe immer schmerzunempfindlicher, das subjektive Schmerzempfinden verringert sich.
- **Änderung des Muskeltonus:** Kälte bewirkt kurzfristig eine Erhöhung und langfristig eine Verminderung des Muskeltonus. Zudem wird die Muskelkontraktilität herabgesetzt. Das alles kann auch eine Schmerzreduzierung bewirken.

Eine Kryotherapie bewirkt je nach Dauer und Intensität der Behandlung eine Blutdruckerhöhung, eine Verringerung der Herzfrequenz, einen Anstieg der Viskosität der Synovia (Gelenkschmiere), eine Verminderung der Nervenleitgeschwindigkeit und eine herabgesetzte Atmung.

bekannt. Aber auch bei Knochenbrüchen oder schwereren Muskelverletzungen ist eine Therapie mit Kälteanwendung sinnvoll.

Da Kälte auch das Herz-Kreislaufsystem beeinflusst, kommt es nach einer Operation zu verminderter Flüssigkeitseinlagerung sowie zu einer Entzündungshemmung und damit letztlich zu einer schnelleren Genesung. Zudem wirkt sich die schmerzlindernde Wirkung durch eine Verringerung der Muskelspannung positiv aus.

Bei einer Behandlung mit einem Eislolly reibt man direkt auf dem Schmerzbereich. Allerdings nur für kurze Zeit, da ansonsten die Gefahr von Erfrierungen besteht.

Lokale Kryotherapie – Verfahren

Eine Kryotherapie lässt sich mit verschiedenen Hilfsmitteln durchführen, die sich in Art, Temperatur, Anwendungsdauer und Anwendungsbereich unterscheiden. Alle haben jedoch eines gemeinsam: Durch den Entzug von Wärme kommt es zur Abkühlung des Gewebes.

- **Eislolly:** Das ist ein in Form eines Lollys gefrorenes Wasser. Dieser wird über die Haut gestrichen, um Schmerzen oder Schwellungen zu lindern.
- **Kältekompressen / Gelpackungen**: Ihre Form passt sich perfekt den Gelenken des Hunde an. Allerdings sollte man einen direkten Hautkontakt vermeiden und immer ein Stofftuch darunterlegen, damit es zu keinen oberflächlichen Erfrierungen kommt.
- **Kältespray:** Damit lässt sich kurzfristige, aber stark kühlende Verdunstungskälte auftragen.
- **Wickel:** Dafür eignen sich mit Eiswasser getränkte Tücher, Kaltmoor, Retterspitz oder Quark.

Vorsicht: Eine zu lange oder falsche Anwendung der Kryotherapie kann zu Erfrierungen führen!

Wärmetherapie

Bei der Wärmetherapie wird entweder dem gesamten Körper oder lediglich einzelnen Körperpartien Wärme zugeführt. Mit Wärme lässt sich der Stoffwechsel anregen, die Funktion der Organe beeinflussen und die Durchblutung fördern. Das Bindegewebe wird dehnfähiger, das Wachstum und die Regeneration von Zellen werden gefördert und es kommt zu einer Muskelentspannung. Nicht zuletzt können mittels Wärme auch Schmerzen gelindert werden.

Für eine lokale Wärmetherapie sind heiße Umschläge, Körner- und Kirschkernkissen ebenso geeignet wie Moorpackungen, Rotlicht oder Hotpacks. Eine besonders intensive Wärmewirkung erreicht man mit Hilfe der heißen Rolle, die eine sehr feuchte Wärme produziert.

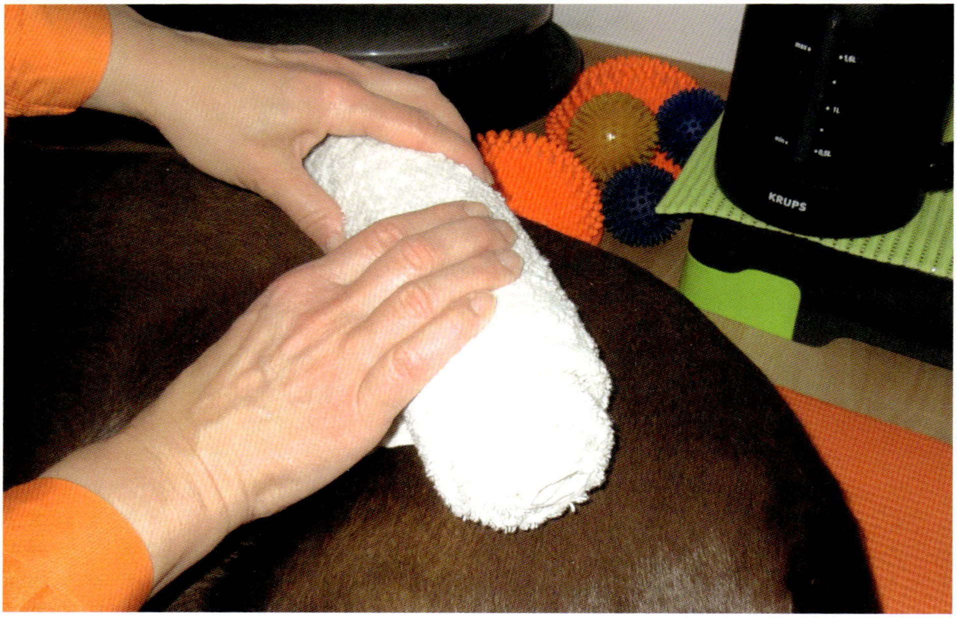

Die heiße Rolle ist eine lokale Wärmeanwendung mit gleichzeitiger Massagewirkung. Die feuchte Wärme hält sehr lange an und zieht tief ins Gewebe ein.

Heiße Rolle

Die heiße Rolle ist eine physikalische Anwendung aus der Wärmetherapie. Neben einer lokalen Wärmeapplikation bewirkt sie gleichzeitig eine Massagewirkung.

Der Therapeut behandelt mit einem zu einem Trichter gerollten Handtuch, in dessen Mitte kochendes Wasser geschüttet wird. Bis das Wasser die Schichten durchtränkt hat, besteht zu Beginn der Behandlung eine Temperatur von etwa 70 °C. Diese Temperatur ist für den Hund viel zu heiß. Daher sollte man die Rolle erst anwenden, wenn sie auf angenehme 50 °C abgekühlt ist.

Mit kurzen, aber kräftigen Druckbewegungen wird nun die heiße Rolle auf dem zu behandelnden Körperabschnitt aufgetragen. Da die Rolle aus mehreren Schichten besteht, werden diese immer wieder abgerollt und die gespeicherte, feuchte Hitze kann aufgetragen werden.

An den behandelten Körperstellen kommt es zu einer deutlichen Mehrdurchblutung. Da die Wärme vom Therapeuten aber gut gesteuert werden kann, ist eine Kreislaufbelastung für den Hund nur gering.

Nach Abschluss der Behandlung bleibt die Stelle noch für einige Stunden erhitzt und gibt Wärme ab.

Für die heiße Rolle wird ein Handtuch zu einem Trichter gerollt und in dessen Mitte kochendes Wasser geschüttet.

Wärmeanwendungen sind geeignet bei degenerativen Erkrankungen der Gelenke und der Wirbelsäule, insbesondere bei Arthrosen und Bandscheibenveränderungen. Gerade bei Arthrosen führt eine lokale Wärmetherapie zu einer besseren Durchblutung der betroffenen Gelenkkapseln. Dadurch können Nährstoffe besser in das Gelenkinnere gelangen. Eine weitere Möglichkeit, intensiv und tiefgreifend Wärme zuzuführen, bietet die Elektrotherapie wie etwa eine Ultraschalltherapie.

Kapnotherapie

Nur der Vollständigkeit halber sei hier noch die Dampftherapie (Kapnotherapie) erwähnt, die allerdings für Hunde nicht in Frage kommt, da die Thermoregulation bei Hunden sich eklatant vom Menschen unterscheidet, wie in einem späteren Kapitel noch dargestellt wird.

Sie ist eine Behandlung, die bei Bluthochdruck, Allergien und Arthritis vorgenommen wird. Der Hauptzweck der Dampftherapie ist es, die Haut einem Heißwasserdampf auszusetzen, um kurzzeitiges Fieber zu verursachen, Poren zu öffnen und die Oxydation des Blutstroms zu fördern. Die Behandlung kann in einem Bad wie etwa dem Türkischen Dampfbad, einer Sauna oder in einem Dampfraum vorgenommen werden.

Geschichtliches zur Hydrotherapie

Schon in der Antike galt Wasser als kostbar und ihm wurden heilende Kräfte zugesprochen. So zählt die Wasserheilkunde zu den ältesten Heilmitteln der Menschheit. Glaubte man früher, dass Kranke von Dämonen befallen waren und Wasser sie vertreiben könnte, entwickelte sich im Laufe der Zeit eine vollkommen andere Vorstellung über die Wirkung von Wasser: Kranke seien unrein und müssten sich infolgedessen einer körperlichen Waschung unterziehen, um so eine Krankheit regelrecht wegzuspülen. Rituelle Waschungen wurden von vielen Kulturen und Religionen praktiziert, wie etwa von den Ägyptern im Nil oder den Indern im Ganges.

Im Jahr 216 wurde eine der größten antiken Badeanlagen vor den Toren Roms eröffnet, die Caracalla-Thermen, in denen sich täglich bis zu 8.000 Menschen aufhielten.

Bei den Griechen wurde das Baden in kalten Flüssen und Meeren zelebriert, um sich von Jugend an abzuhärten. Im Gegensatz dazu frönten die alten Römer nach anfänglichen Kaltwasseranwendungen den Warmbädern. Es entstanden Badeanstalten, die beide Anwendungen parallel anboten und der Erholung dienen sollten. Mehr und mehr entwickelten sie sich zu regelrechten Gesellschaftszentren. Erst später entstanden auch in den großen Städten des hellenistischen Reiches öffentliche Bäder. Demzufolge ist es nicht verwunderlich, dass auch Hippokrates als „Vater der Heilkunde" die Wirkung von warmem und kaltem Wasser kannte und damit unterschiedliche Beschwerden behandelte. Im Laufe der Zeit entwickelten sich auch Thermalbäder und die aufkommende These, dass es gegen jedes Leiden ein richtiges Wässerchen gäbe, ließ große Thermen wie Pilze aus dem Boden sprießen, aber mit dem Ende des Römischen Reiches auch genauso schnell wieder verschwinden.

Bei vielen anderen Völkern galt Wasser ebenfalls als Heilmittel. Es entstanden Gebäude oder Plätze, in denen gebadet werden konnte, Schwitzbäder oder auch Schwitzhütten, wie sie bei den Indianern vorkamen. Alles diente zunächst nur der Reinigung, ähnlich wie die Sauna bei den Finnen oder das Dampfbad bei den Türken.

Im Mittelalter erlangte die Hydrotherapie einen absoluten Tiefpunkt, weil das Wasser für die Übertragung vieler Infektionskrankheiten verantwortlich gemacht wurde. Erst im 17. Jahrhundert erlebte die Wassertherapie eine Renaissance: Seebäder am Meer und Kur- und Thermalbäder erfuhren einen wahren Boom. Im Jahr 1797 veröffentlichte der englische Arzt Dr. James Currie einen Artikel über die Wirkungsweise von heißem und kaltem Wasser in Bezug auf unterschiedliche Krankheiten und berichtete darin von zahlreichen Heilerfolgen.

Die erste deutsche Wasserheilanstalt wurde von Vinzenz Prießnitz im Jahr 1826 in Schlesien ins Leben gerufen. Er entwickelte zwar keine neue medizinische Theorie, machte aber mit seinen Wasserkuren und Luftbädern die Hydrotherapie populär. Johann Siegmund Hahn war gemeinsam mit seinem Vater der Wegbereiter der naturheilkundlichen und der wissenschaftlichen Hydrotherapie. Bekannt wurde er als Autor eines Buches über die Kraft und Wirkung des Wassers bei Kranken sowohl durch inneren als auch durch äußerlichen Gebrauch, das 1738 erstmals veröffentlicht wurde. Hierin verknüpfte Hahn seine eigenen praktischen

Mit der Gründung des ersten deutschen Seebades Heiligendamm im Jahr 1793 begann auch hierzulande das Kuren.

Bis heute werden die Therapiekonzepte von Sebastian Kneipp mit Erfolg angewendet.

Forschungserkenntnisse und Erfahrungen aus der angewandten Wasserheilkunde mit den Aussagen früherer, besonders englischer Kollegen.

Im Europa des 19. Jahrhunderts entstanden immer mehr Wasserheilanstalten, meist auch in Verbindung mit sogenannten heilgymnastischen Heilanstalten, in denen „Schäden aller Art von Knochen, Muskeln und Gelenken des Körpers, Versteifungen und Verkrümmungen" geheilt werden sollten. In erster Linie fanden dort Anwendungen mit kaltem Wasser oder Bäder in kaltem Meerwasser statt. Dank des deutschen Pfarrers Sebastian Kneipp kam in Deutschland Mitte des 19. Jahrhunderts eine Wasserkur auf, die viele Jahre in Vergessenheit gerieten war. Selbst an Tuberkulose erkrankt, die damals noch als unheilbar galt, entdeckte Kneipp 1846 zufällig das Buch von Johann Siegmund Hahn und hat daraufhin die Heilkraft des Wassers am eigenen Leib erfahren: Nach der Lektüre stieg er anschließend jeden Tag in die eiskalte Donau, nahm zu Hause Halbbäder, übergoss sich mit Wasser und wurde letztlich wieder vollkommen gesund.

Daraufhin entwickelte er eine Wasserheiltherapie, die auch anderen Menschen helfen sollte – und zwar vor allem denen, die für einen Arzt kein Geld hatten. Im Gegensatz zu früheren Wasseranwendungen war für Kneipp nicht nur das Wasser an sich, sondern auch die Bewegung darin ein entscheidendes Heilungskriterium. Neu war bei seinen Anwendungen auch, dass viele mit warmem Wasser durchgeführt wurden, wie es schon in der Antike der Fall war. So gilt Kneipp als Erfinder von Waschungen, Bädern, Güssen, Wickeln und Dämpfen, wie sie auch heutzutage noch durchgeführt werden. Zu den Wasseranwendungen verordnete er zudem das Barfußlaufen auf nassen Wiesen und im kalten Schnee, Wassertreten und therapeutische Massagen.

Neben zwei Büchern über die Heilkraft des Wassers und Ratschläge für ein gesünderes Leben hinterließ Kneipp nach seinem Tod viel Wissen über Wasseranwendungen und deren Heilerfolge, das von der

Schulmedizin aufgegriffen und weiterentwickelt worden ist. Letztlich ist daraus die Hydrotherapie entstanden, wie man sie heute kennt.

Hydrotherapie beim Hund

Wie viele Therapien, die im Humanbereich erfolgreich sind, kam im 20. Jahrhundert auch die Hydrotherapie bei Tieren zum Einsatz. Zunächst wurde die Wassertherapie nur bei Pferden angewandt. Man ließ sie in Meerwasser baden, um ihre Beine zu stärken und so Verletzungen vorzubeugen. Als nach und nach immer mehr Pferdesport betrieben wurde, und sich ein Meer nun mal nicht immer in der Nähe befand, baute man riesige Salzwasserbecken und ließ darin die Pferde schwimmen.

Zum Einsatz bei Hunden kam die Hydrotherapie zunächst bei Windhunden, um sie gezielt und schonend auf die Rennen vorzubereiten. Auch hier wurde im Wasser trainiert, um Verletzungen an den Läufen und einem Verschleiß der Gelenke vorzubeugen. Der Gesundheitsaspekt wurde schnell auf andere Hunderassen übertragen und so wurde die Hydrotherapie zu einer gängigen Therapie für Hunde, die oftmals zusammen mit anderen Behandlungen angewandt wird. Manchmal lässt sich damit sogar eine Operation verhindern. In jedem Fall kommt es zu einer schnelleren Rehabilitation.

Die unterschiedlichen Anwendungen einer Wassertherapie lassen sich allerdings nicht komplett vom Menschen auf den Hund übertragen. So ist etwa ein Aufenthalt in der Sauna für den Hund ein absolutes Tabu. In Frage kommen daher lediglich Anwendungen wie das Unterwasserlaufband, Schwimmen, Unterwassermassagen und ein Tauchbad. Doch auch beim Hund gilt grundsätzlich: Im Wasser ist der Körper leichter. Dadurch lassen sich Bewegungen ausführen, die an Land nicht mehr möglich wären. Und durch die unterschiedlichen Anwendungsmethoden, die oft auch unterschiedliche Wirkungen erzielen, kann die Hydrotherapie bei zahlreichen Gesundheitsproblemen eingesetzt werden.

Schwimmen im Allgemeinen

Allgemein wird die Auffassung vertreten, dass jeder Hund schwimmen kann. Diese Aussage ist allerdings so nicht ganz richtig. Zwar wird jeder gesunde Hund in der Lage sein zu schwimmen – genauso wie jeder gesunde Mensch dazu in der Lage ist. Natürlich gibt es die Vierbeiner, die sich sofort ins kühle Nass werfen, sobald sie es nur sehen, und andere die das Wasser unter allen Umständen meiden. Aber tatsächlich existieren zahlreiche Vertreter ihrer Art, denen man Schwimmen erst beibringen muss. Und auch das ist wiederum nicht unbedingt von der Rasse abhängig. Doch lässt sich wohl schon sagen, dass Rassen, die speziell für die Wasserarbeit gezüchtet wurden, wie etwa Labrador Retriever, Neufundländer oder portugiesische Wasserhunde, prinzipiell das Wasser von Natur aus lieben.

Es gibt allerdings auch Zucht spezifische Unterschiede, auf die in der Hydrotherapie besonders geachtet werden muss. So können Körperbau oder Behaarung Probleme beim Schwimmen bereiten. Hunde brachycephaler Rassen mit kurzen Nasen wie die Bulldogge, mit schweren Körpern und kurzen Beinen wie der Basset Hound und mit extrem langem Fell wie der Puli sind fürs Schwimmen nicht gerade gemacht. Doch auch diese können es mithilfe einer Schwimmweste lernen. Die Weste dient dabei der Stabilisierung in einer horizontalen Position. Übrigens verhält es sich in der Hundewelt nicht viel anders als im Humanbereich: Kommen Babys und Welpen frühestmöglich mit dem Element Wasser in Berührung, dann gewöhnen sie sich schneller daran und die Fortbewegung im Wasser wird von klein auf verinnerlicht. Lernen Hunde erst später oder gar erst als Senior das Schwimmen, so werden sie in der Regel versuchen, so schnell als möglich wieder festen Boden unter den Pfoten zu spüren – eben genauso wie ältere Menschen.

Abhängig vom körperlichen und gesundheitlichen Allgemeinzustand kann man Hunden jeden Alters die Hydrotherapie angedeihen lassen. Dient die Wassertherapie der Fitness und dem allgemeinen Gesundheitszustand, dann sollte der Hund mindestens sechs Monate alt sein. Letztlich ist das aber auch abhängig von der Rasse und dem einzelnen Hund. Größere Hunde brauchen länger, um ausgewachsen zu sein als kleinere. Daher müssen die Schwimmübungen entsprechend angepasst werden, um eine Überbeanspruchung und Beschädigung der Gelenke sowie eine zu schnelle Zunahme an Muskelmasse zu vermeiden. Der Muskelaufbau ist zwar einer der größten Nutzen der Hydrotherapie, doch kann genau das für einen jungen Hund, dessen Knochen noch nicht voll entwickelt sind, eher kontraproduktiv sein.

Allgemeine Schwimmregeln für Hund und Halter

- Es sollten nur Hunde schwimmen, die gesundheitlich fit sind.
- Ein Hund geht nur schwimmen, wenn er es auch will. Führt eine positive Gewöhnung ans Wasser nicht zum Erfolg, bleibt er draußen. Ausnahme: Der Hund bekommt eine Schwimmweste angelegt.
- Mit vollem Magen wird nicht geschwommen.
- Locker sitzende Halsbänder haben beim Schwimmen nichts verloren, da der Hund sich verfangen könnte.
- Bei großer Hitze sollte der Hund nicht sofort ins kalte Wasser springen, um Herz-Kreislauf-Problemen vorzubeugen.
- Bei starker Strömung ist Schwimmen für Hunde ein No-Go.
- Der Untergrund muss frei sein von Verletzungsgefahren wie etwa Scherben.
- Nach dem Schwimmen müssen Hunde abgetrocknet werden, entweder aufgrund kühler Außentemperaturen oder zum Schutz vor der Sonne, da nasses Fell nicht vor UV-Licht schützt.
- Weil Hunde sich oft überschätzen, müssen genügend Pausen eingelegt werden.
- Salzwasser in Verbindung mit Sand ist nicht für jeden Hundetyp geeignet und kann bei kleinen Rissen in den Pfoten zu schweren Entzündungen führen.
- Am Meer sollte immer genügend klares Trinkwasser für den Hund mitgenommen werden, denn Salzwasser stillt keinen Durst, sondern verursacht nur noch größeren.
- Schwimmen regt die Darmtätigkeit an und die Mitnahme von Kotbeuteln ist daher zwingend.
- Tauchen sollte ein Tabu für Hunde sein, da Wasser in den Ohren zu schmerzhaften Ohrentzündungen führen kann.
- Leidet der Hund am nächsten Tag an Muskelkater, wird das Schwimmen anfangs zeitlich begrenzt.
- Die Ursache der so genannten Wasserruten-Erkrankung (Cold Tail Syndrome) ist zwar nicht eindeutig geklärt. Da sie aber oft nach langem Schwimmen in kaltem Wasser auftritt, sollte man dies vorsichtshalber vermeiden.

Unterwasserlaufband

Die Therapie auf einem Unterwasserlaufband ist seit einigen Jahren eine durchaus erfolgreiche Methode für Hunde und wird im Bereich der Rehabilitation und des Trainings eingesetzt. Da sie eine besonders schonende Behandlungsweise darstellt, ist sie eine gute Ergänzung zur tierärztlichen und physiotherapeutischen Therapie. Allerdings ist es gerade für eine Therapie auf dem Unterwasserlaufband unumgänglich, dass diese von einem wirklich erfahrenen Therapeuten durchgeführt wird. Jeden Hund auf das Laufband zu schicken, ohne vorher eine exakte Gangbildanalyse durchzuführen, sich intensiv mit dem Hundebesitzer zu unterhalten und während des Termins den Hund bei seinen Bewegungen nicht äußerst intensiv zu beobachten, kann zu einer Verschlimmerung des gesundheitlichen Problems führen – bis hin zu massiven Folgeschäden.

Indikationen für die Therapie auf dem Unterwasserlaufband

- Erkrankungen der Schulter (etwa OCD)
- Erkrankungen des Ellenbogens (etwa ED)
- Erkrankungen des Karpus
- Erkrankungen der Wirbelsäule (etwa CES, degenerative Myelopathie, Rückenmarksinfarkt, BSP)
- Erkrankungen der Hüfte (etwa HD, Arthrose, Femurkopfresektion)
- Erkrankungen des Knies (Kreuzbandriss, Patellaluxation)
- Erkrankungen des Sprungelenks (OCD)

Das Training auf einem Unterwasserlaufband erfolgt in einem speziell gebauten Wasserbecken mit zwei Edelstahlbehältern: einem Wasservorratsbehälter und einem Becken mit integriertem Laufband. In der Regel verfügt es über drei Glasfronten, mittlerweile sind aber bereits Wasserbecken mit vier Glasfronten auf dem Markt. Meist lässt sich eine Front nach unten klappen, so dass der Hund über eine Gummimatte direkt in das Becken steigen kann. Das beheizte Wasser läuft erst dann ein, wenn der Hund im Becken steht. Seine Gliedmaßen befinden sich dabei vorwiegend bis zum Bauch oder den Hüften im Wasser. Erst wenn er sich ans Wasser gewöhnt hat, wird das Laufband eingeschaltet. Dessen Geschwindigkeit wird dabei dem Bedürfnis des jeweiligen Hundes angepasst. Zur Steigerung der Intensität kann eine Gegenstromanlage zugeschaltet, die Geschwindigkeit sowie der Neigungswinkel des Laufbands erhöht und bei Bedarf somit zusätzlich ein besserer Trainingseffekt erzielt werden.

Info rund ums Unterwasserlaufband

Die meisten Unterwasserlaufbänder verfügen über eine Laufbandschrägstellung. Dies ist eine wichtige Trainingsfunktion beim individuellen Aufbau des Muskel- und Sehnenapparats, um gezielt Vorder- oder Hinterläufe zu belasten. Denn damit lässt sich ein Bergauf- beziehungsweise eine Bergab-Lauf simulieren.
Immer mehr Hundephysiotherapeuten bieten ihren Kunden die Möglichkeit eines Unterwasslaufbandes an. Nicht zuletzt deswegen, weil auch immer mehr Hundebesitzer danach verlangen. Die Anschaffung eines Unterwasserlaufbandes ist allerdings mit enormen Kosten verbunden. 20.000 Euro sind schon fast das Minimum, 30.000 Euro keine Seltenheit. Es kommt eben auch auf die Ausstattung an: Wie effektiv ist das Filtersystem, gibt es eine Gegenstromanlage, verfügt das Laufband über eine Schrägstellungsmöglichkeit, kann man es hochfahren, ist es rundum verglast, arbeitet es möglichst leise, wie hundefreundlich ist der Einstieg und lässt sich die Laufgeschwindigkeit stufenlos regulieren. Neben den Anschaffungskosten fallen hier natürlich zusätzliche Unterhaltskosten an.

Von daher sollte man als Physiotherapeut nicht den Blick darauf verlieren, wann der Einsatz für den Hund wirklich Sinn macht. Bei den enormen Anschaffungskosten gerät man da vielleicht allzu leicht in Versuchung, möglichst viele Hund auf das Unterwasserlaufband zu stellen.

Der Hund muss während der Therapie gegen den Wasserwiderstand anlaufen. Unterstützend führt der Auftrieb im Wasser zu einer deutlichen Entlastung des Körpers vom eigenen Gewicht, wodurch die Gelenke schonend bewegt und dabei gleichzeitig vermehrt mit Gelenkflüssigkeit versorgt werden. Zusätzlich wird beim Training die Muskulatur durch das Laufen gekräftigt. Hunde mit neurologischen Problemen, die dadurch oftmals vorübergehend gelähmt sind, können mit speziellen Gehhilfen, Brustgeschirren und / oder einer Schwimmweste unterstützt werden.

Ziele einer Behandlung auf dem Unterwasserlaufband

- Schmerzreduzierung aufgrund degenerativer Erkrankungen
- Muskelaufbau nach orthopädischen Operationen
- Gegenwirken von Muskelschwund bei älteren Tieren
- schnelle Mobilisation der Hunde nach Operationen
- Steigerung der Leistungsfähigkeit bei Sport- und Arbeitshunden
- Wiedererlernen von Bewegungen bei neurologischen Ausfällen
- Verkürzung der Rekonvaleszenz
- Koordinationsübungen bei neurologischen Störungen
- gelenkschonende Gewichtsabnahme
- Stärkung von Bändern, Muskeln und Sehnen nach Verletzungen
- Allgemeine Verbesserung von Gelenkfunktionen

Durch die Entlastung profitieren gerade Hunde mit Arthrosen oder anderen chronischen Gelenkproblemen. Auch zum Training im Anschluss an eine Operation eignet sich ein Unterwasserlaufband, da die Rehabilitationsphase bei dieser Art Training in der Regel sehr viel schneller vonstattengeht. Denn im Unterwasserlaufband erlernen Hunde, sich wieder völlig normal und ohne Schmerzen zu bewegen. So werden Folgeschäden durch Muskelatrophie vermieden. Ganz nebenbei wird die Beweglichkeit gesteigert, das Herz-Kreislauf-System gestärkt, die Atmung verbessert und Kondition aufgebaut. Die empfohlene Wassertemperatur von 26 bis 28 Grad im Unterwasserlaufband hat zudem einen wohltuenden Einfluss auf den gesamten Organismus, lässt die Muskeln entspannen und wirkt sich dadurch positiv auf die Psyche des Hundes aus.

Die Behandlung selbst ist bei korrekter Ausführung schonend und effektiv und muss für jeden Hund nach dessen individuellen Erfordernissen angepasst werden. Denn leider gibt es keine standardisierten Angaben, wonach man sich richten könnte. Durch die Bewegung im Wasser beansprucht der Hund bestimmte Muskelgruppen, die er sonst schmerzbedingt schonen würde. Denn bei einer Schonhaltung schwinden bestimmte Muskeln, die nicht mehr beansprucht werden, andere hingegen werden überbeansprucht und verkrampfen. Dies führt unweigerlich dazu, dass weitere Muskeln geschont werden, was wiederum zu einer Überbeanspruchung zusätzlicher Muskelgruppen führt. Und schon beginnt der Teufelskreislauf ...

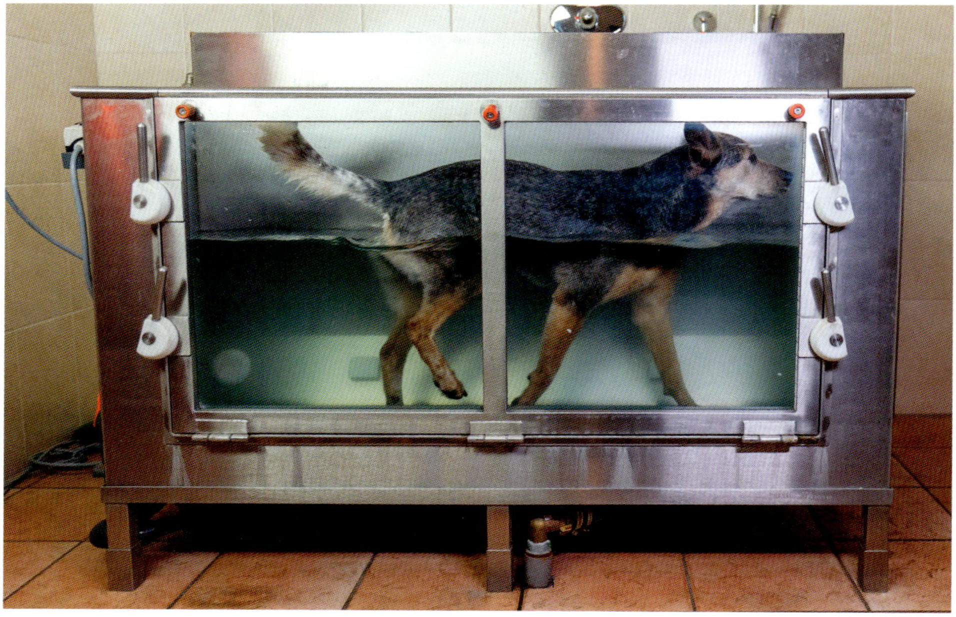

Der Wasserstand im Unterwasserlaufband hängt individuell vom Hund ab: von seiner Größe, seinen Beschwerden oder aber seinen Trainingszielen.

Mithilfe eines Unterwasserlaufbands wird das Erlernen neuer beziehungsweise alter Bewegungsabläufe erleichtert und damit das Bewegungsausmaß der Gelenke erweitert. Die besten Ergebnisse lassen sich im Übrigen erzielen, wenn man das Training mit weiteren Maßnahmen der Physiotherapie kombiniert.

Durch Einstellen der Wasserhöhe kann die Bewegung einzelner Gelenke gezielt gefördert werden.

Generell wurde festgestellt, dass die Flexion am größten ist, wenn sich das betroffene Gelenk unter Wasser befindet.

Die Therapiedauer steigert sich langsam und ist individuell auf die allgemeine Konstitution des Hundes abgestimmt. Anfangs wird sie lediglich ein paar Minuten betragen, bis sie nach mehreren Behandlungen und eine dadurch gewonnene Kondition bis zu 25 Minuten andauern kann.

Die Möglichkeiten eines Unterwasserlaufband-Trainings sind zwar vielfältig, was die Art und Weise sowie die Therapieziele anbelangt, allerdings kann es nicht alle Vorteile nutzen, die sich mithilfe von Wasser therapeutisch umsetzen lassen. Denn Hunde müssen sich hierbei weiterhin laufend bewegen. Das Laufband nimmt dabei Einfluss auf das Abrollen der Pfoten, denn der Hund muss sich eigentlich nicht mehr abstoßen, um vorwärts zu kommen, sondern braucht lediglich die Läufe anzuheben. Tut er das verändert sich aber die Körperhaltung nicht nachhaltig. So kann es sein, dass der Hund auch nach einer Behandlung auf dem Unterwasserlaufband in seiner Fehlhaltung bleibt.

Der Stand des Wassers im Unterwasserlaufband

- Der Wasserstand hängt von der Größe des Hundes und seinen jeweiligen Beschwerden beziehungsweise seinen individuellen Zielen ab.
- Je mehr Wasser eingelassen wird, umso leichter ist die Bewegung für den Hund, da er weniger Eigengewicht zu tragen hat.
- Ist der Wasserstand niedrig, so ist die Bewegung anstrengender und es muss zum Vorwärtskommen mehr Kraft aufgewandt werden.
- Um den Widerstand zusätzlich zu erhöhen, kann man die Schrägstellungsfunktion oder eine Gegenstromanlage verwenden.
- Mittels der Wasserhöhe wird daher Einfluss auf die Kräfte des Hundes genommen, die er aufwenden muss, um gegen den Widerstand zu laufen. Dadurch werden gleichzeitig die Bewegungen der Gliedmaßen und die Körperhaltung beeinflusst. Zudem lassen sich auch die Bereiche festlegen, die vermehrt trainiert oder entlastet werden sollen.
- Bei Gelenkbeschwerden muss der Wasserstand mindestens bis über das betroffene Gelenk reichen – bei einem Kreuzbandriss etwa bis oberhalb des Knies.

Gefahren und Risiken des Unterwasserlaufbandes

Keine Frage: Ein Unterwasserlaufband kann für Hunde enorm hilfreich sein – als Therapie oder als Training. Allerdings nur dann, wenn es exakt zur Anwendung kommt. Denn mit der Einstellung „Hund rein, Klappe zu, Wasserhahn auf" ist es nicht getan. Um das Laufband effektiv einzusetzen, braucht es schon sehr viel Erfahrung. Zudem eine exakte Untersuchung und ein ausführliches Gespräch noch vor dem ersten Termin.

- Durch ein unsachgemäßes Training auf dem Unterwasserlaufband können durchaus schwere Folgeschäden entstehen. Deshalb ist es sekundär, ob eine Therapeut über eine Unterwasserlaufband verfügt, sondern wichtiger, wie erfahren er im Umgang damit ist.
- Ein falscher Einsatz kann zu Überlastungen der Gelenke führen, im schlimmsten Fall auch zu Entzündungen. Bestehende gesundheitliche Probleme können sich innerhalb mehrerer Trainingseinheiten verschlimmern und wiederum Folgeprobleme verursachen.
- Wird der Hund während des Trainings nicht intensiv beobachtet, werden die Bedingungen nicht ständig optimiert und korrigiert, trainiert man dem Hund schnell ein falsches Bewegungsmuster an. Dadurch werden einige Muskelpartien zu stark beansprucht, andere dagegen wieder zu wenig. Folgeschäden sind vorprogrammiert.
- Ist der Therapeut nicht versiert genug, die richtigen Einstellungen vorzunehmen – etwa zu niedrigen Wasserstand, eine zu lang angesetzte Dauer, eine zu schnelle Geschwindigkeit – können geschädigte Gelenke schnell überlastet werden. Die Folge kann hier durchaus sein, dass der Hund nach dem Unterwasserlaufband lahmt.
- Verursacht das Unterwasserlaufband Angst und Stress beim Hund, führt das zwangsläufig zu Muskelverspannungen und eine Therapie kann dann nur kontraproduktiv wirken.

Unterwassermassage

Die Unterwassermassage ist eine klassische Behandlungsmethode aus dem Humanbereich, wird aber schon seit langer Zeit auch bei Tieren angewendet.

Mit für den Hund angenehm temperiertem Wasser wird eine Druckstrahlmassage durchgeführt, bevorzugt an den schmerzhaften Stellen. Das warme Wasser hat einen entspannenden Effekt auf die Muskulatur und die Gelenke des Hundes. In der Regel findet eine Unterwassermassage im Unterwasserlaufband statt. Über eine integrierte Pumpe wird mit dem erwärmten Wannenwasser therapiert.

Eine Unterwassermassage lässt sich wie eine manuelle Massage einsetzen. Allerdings treten hierbei noch zusätzlich positive Nebeneffekte auf wie der Auftrieb im Wasser und die den Körper umgebende Wärme. Für Hunde, die sich nicht gerne anfassen lassen oder unter extrem starken Schmerzen leiden, bietet sich eine Unterwassermassage an. Und für graue Schnauzen ist sie allemal eine ideale Wellnessbehandlung.

Wasserscheue Hunde sollten allerdings lieber auf die klassische Weise massiert werden, da bei ihnen eine Unterwassermassage eher kontraproduktiv wirken kann.

Stangerbad

Das Stangerbad ist ein hydroelektrisches Vollbad. In den speziellen Wannen befinden sich an den Seiten galvanisierte Metallplatten. Diese Platten dienen als Pluspol (Anode) und Minuspol (Kathode) und wirken dadurch unterschiedlich auf den Körper ein. Die Zuordnung der Platten für Plus- und Minuspol ist bei den meisten Wannen frei wählbar. Mithilfe eines Schaltpults kann der Therapeut die Stromstärke und die Verteilung von Anode und Kathode regulieren.

Die Wirkung eines Stangerbads beruht in erster Linie darauf, dass durch das Wasser ein Gleichstrom fließt. Der Hund spürt den Strom nicht, sondern fühlt lediglich ein Kribbeln auf der Haut, zumal die Stromstärke individuell angepasst wird. Zu Schmerzen darf es bei stärkerem Strom nicht kommen, ebenso wenig ist ein zu schwacher Impuls empfehlenswert.

Während des Stangerbads steht der Hund in der Spezialwanne und erhält die individuell auf ihn und seine Beschwerden abgestimmten Stromimpulse. Ist der Körper dem Gleichstrom ausgesetzt, kommt es zu einer Durchblutungssteigerung in der Haut und auch in den tiefer sitzenden Muskeln – und dadurch letztlich zu einer Verbesserung des Zellstoffwechsels. Die starke Durchblutung wird neben dem Strom zusätzlich durch den Wärmereiz des Wassers begünstigt. Wie hoch die Wassertemperatur in einem Stangerbad ist, richtet sich zum einen nach der Verträglichkeit beim Hund und zum anderen nach dessen Erkrankung. Bei Schmerzen und Muskelhypertonus ist die Temperatur höher als bei Muskelhypotonie und Paresen. Ein Stangerbad hat daher eine tonusregulierende, schmerzdämpfende und durchblutungsfördernde Wirkung.

Anwendungsgebiete beim Stangerbad

- Heilung chronischer Beschwerden oder akuter Erkrankungen
- Starker Wärmeeffekt durch Mehrdurchblutung des gesamten Organismus
- Verbesserte Durchblutung von Haut und Muskeln
- Stoffwechselsteigerung der einzelnen Zellen (Regeneration und Erneuerung)
- Chronisch verkrampftes Muskelgewebe
- Nervenstimulation

Ein Whirlpool ist nicht nur für Menschen wohltuend, auch Hunde profitieren davon. Die Muskulatur wird gelockert und verkrampfte Gliedmaßen entspannen sich.

Whirlpool

Der Whirlpool, auch oft Jacuzzi oder Sprudelbad genannt, regt mit 38 Grad warmem Wasser nicht nur den Kreislauf von Menschen an, sondern auch den von Hunden. Denn 38 °C entsprechen genau der Temperatur des Hundes. Außerdem fördert es die Durchblutung. Der Hund entspannt sich im warmen Wasser, seine Muskulatur wird gelockert und verkrampfte Glieder werden wieder geschmeidig. Dadurch kann der Therapeut den Hund optimal abtasten und Verspannungen, Verhärtungen oder Verkürzungen feststellen, die später taktil behandelt werden.

Therapeutisches Schwimmen

Im Gegensatz zum Schwimmen ist therapeutisches Schwimmen eine Form der Hydrotherapie, die sich die speziellen Eigenschaften des Wassers therapeutisch zunutze macht. Das bedeutet: gezielter Muskelaufbau vor oder nach Operationen, Mobilisierung von älteren und schwachen Hunden, Förderung der Gelenkbeweglichkeit, Schmerzlinderung, Gewichtsreduzierung und die Verbesserung des Gangbildes. All das lässt sich optimal und schonend mit therapeutischem Schwimmen umsetzen.

Beim Schwimmen, egal, ob therapeutisch oder nicht, handelt es sich um eine aktive Bewegung.

Wenn sich Hunde im Wasser nicht bewegen würden, würden sie schlicht untergehen. Daher bewegen sie sich instinktiv. Und im Gegensatz zum Unterwasserlaufband findet die Bewegung wesentlich ausgeprägter statt, so dass Hunde sich auch mehr anstrengen müssen. Zudem werden beim Schwimmen auch Gliedmaßen benutzt, die bis dahin geschont wurden.

Was therapeutisches Schwimmen im Detail bewirken kann, wann diese Therapieform geeignet ist und wie sich der Behandlungsablauf im Detail gestaltet, wird im nächsten Kapitel ausführlich erläutert.

5. Therapeutisches Schwimmen

Definition

Unter therapeutischem Schwimmen ist kein Schwimmen im herkömmlichen Sinne zu verstehen, sondern eine Form der Hydrotherapie, die sich die speziellen Eigenschaften des Wassers wie etwa Auftrieb und Widerstand therapeutisch zunutze macht. Das Ziel dabei ist es, individuell vorliegenden Beschwerden Abhilfe zu schaffen, etwa indem man Muskeln aufbaut, ältere Hunde mobilisiert, die Beweglichkeit der Gelenke fördert, Schmerzen lindert oder Gewicht reduziert.

Therapeutisches Schwimmen für Hunde

Beim Schwimmen, egal, ob nun therapeutisch oder nicht, handelt es sich um aktive Bewegungen. Würden sich Hunde im Wasser nicht bewegen, würden sie schlicht ertrinken. Daher werden beim Schwimmen ihre Instinkte geweckt, nicht untergehen zu wollen und sie fangen zwangsläufig an, sich zu bewegen. Auch stark geschonte Gliedmaßen werden dabei oftmals unbewusst mit bewegt. Im Gegensatz zum Unterwasserlaufband findet die Bewegung dabei wesentlich ausgeprägter statt, sodass ein Hund beim Schwimmen um ein Vielfaches mehr arbeiten muss.

Wie beim Menschen ist das Schwimmen beim Hund auch ein schonendes Training für den gesamten Körper und eine hervorragende Möglichkeit, Muskeln aufzubauen und dabei gleichzeitig Gelenke zu schonen. Überbelastete oder fehlgestellte Gelenke lassen sich im Wasser nahezu schmerzfrei bewegen.

Physikalische Vorteile des Wassers

- Gelenke werden durch den Auftrieb um bis zu 90 Prozent entlastet.
- Schwellungen und Ödeme werden durch den hydrostatischen Druck vermindert.
- Der Widerstand des Wassers sorgt für einen besonders effektiven Muskelaufbau.
- Durch die Stabilisierung des Körpers im Wasser sind Bewegungen möglich, die an Land nicht oder nicht mehr funktionieren.

Beim therapeutischen Schwimmen sind die Hunde zusammen mit einem Therapeuten im Wasser. Er unterstützt den Hund individuell, angepasst an dessen Beschwerden. Jedem Vierbeiner wird beim ersten Schwimmen aus Sicherheitsgründen prinzipiell eine Schwimmweste angezogen (mehr zum Behandlungsablauf siehe Kapitel 6).

Im Gegensatz zu Unterwasserlaufbändern ermöglicht ein Pool eine freie und natürliche Schwimmbewegung. Darin haben Hunde eine größere Bewegungsreichweite (Range of Motion – ROM) und können so wesentlich mehr Muskelgruppen trainieren – und das bei lediglich zehn Prozent ihres Eigengewichts. Ein Muskelaufbau ist so in einer früheren Phase der Rehabilitation möglich als an Land.

Therapeutisches Schwimmen leistet zudem einen wichtigen Beitrag zur Prävention bei chronischen Erkrankungen am Bewegungsapparat. Ältere Hunde wiederum profitieren dabei von der beinahe vollständigen Schwerelosigkeit im Wasser und der damit verbundenen Mobilisation. Beim Training von Sport- und Diensthunden kann es außerdem zur Konditionsverbesserung und Kraftsteigerung eingesetzt werden.

Nicht nur für Trümmersuchhunde, sondern für alle Dienst- und Arbeitshunde, die körperlich stark gefordert werden, ist therapeutisches Schwimmen eine wahre Wohltat.

Für welche Hunde therapeutisches Schwimmen geeignet ist, wie sich der Behandlungsablauf im Detail gestaltet und welche Übungen wirkungsvoll sind, wird in einem späteren Kapitel erläutert.

Therapeutisches Schwimmen

- Die Schwimmtherapie ermöglicht dem Hund eine größere Range of Motion (ROM) – Bewegungsreichweite – bei gleichzeitig 90 Prozent weniger zu tragendem Gewicht.
- Der hydrostatische Druck des Wassers massiert den ganzen Hundekörper und trainiert das Herz-Kreislaufsystem.
- Durch den Reibungswiderstand werden alle Muskeln beansprucht und gekräftigt.

Wirkung und Anwendungsgebiete

Im Humanbereich ist therapeutisches Schwimmen schon lange ein probates Mittel zum gelenkschonenden Muskelaufbau und zur Schmerzlinderung. Wie so viele Therapien für den Menschen ist auch diese Therapie bei Hunden genauso wirksam. Gezielter Muskelaufbau, Mobilisierung von Hundesenioren, Förderung der Gelenkbeweglichkeit, Schmerzlinderung, Gewichtsreduzierung und die Verbesserung des Gangbildes lassen sich mit einer Schwimmtherapie optimal und schonend behandeln.

Schmerzt das Gehen, nimmt der Hund automatisch eine Schonhaltung ein, um Schmerzen weitgehend zu vermeiden. Dies führt dazu, dass er seinen Körper falsch benutzt und bestimmte Muskeln nur noch wenig oder gar nicht mehr belastet. Muskeln, die nicht im Einsatz sind, verkümmern bei Hunden sieben Mal schneller als bei Menschen. Weiterhin bilden sich bereits nach drei Tagen erste Muskeln zurück, wenn sich der Hund nicht bewegt (*Schweizer Hunde Magazin* 3/17 – Seite 76). Beim Schwimmen, wenn er nur noch zehn Prozent seines Eigengewichts tragen muss, kann sich ein Hund voll entspannen. Im Wasser macht er Bewegungen, die er sonst aufgrund von Schmerzen vermeiden würde. Dadurch werden Bänder und Sehnen gestärkt und Muskeln aufgebaut. Zudem erfolgen die Bewegungen ausgeprägter, so dass Hunde mehr arbeiten müssen, wodurch nebenbei noch Herz und Kreislauf angeregt werden. Auch lassen sich einzelne Bewegungen, die an Land eben nicht oder nur schwer möglich sind, genau beobachten, was wiederum sehr aufschlussreich ist, um die wahren Probleme zu konkretisieren, unter denen ein Hund leidet.

Viele Hundehalter erkennen die Notwendigkeit einer Behandlung allerdings erst, wenn sich Fehlhaltungen schon verfestigt haben. Doch bereits unspektakuläre Prellungen oder ein leichtes Humpeln kann zu Schonhaltungen führen, wodurch wiederum gesunde Gliedmaßen überbelastet werden und im Endeffekt Arthrose verursacht wird. Sind Gelenkverschleißerscheinungen altersbedingt, sollte man darauf achten, dass die Muskeln sich nicht abbauen, um Schmerzen für den Hund im Rahmen zu halten.

Die Wirkung des therapeutischen Schwimmens beruht in erster Linie auf Wärme und Bewegung. Ist eine Gegenstromanlage installiert, dann lässt sich die Wirkung sogar noch verstärken. Beim Schwimmen drückt zudem die Dichte des Wassers auf die Haut, was wiederum die

Durchblutung, das Lymphsystem und die Verdauung fördert sowie Schwellungen reduziert. Durch die Stimulation der Thermo- und Druckrezeptoren werden die Schmerzen gesenkt, die Körperwahrnehmung gesteigert und das Wohlbefinden gefördert. Das alles hat eine positive Wirkung auf den Heilungsprozess.

Das auf 29 bis 32 °C erwärmte Wasser lockert dabei die Muskulatur und unterstützt so die Lösung von Verspannungen und Verkrampfungen. Mit Hilfe des Therapeuten, der den Griff meist an der Schwimmweste hat, fühlen sich die Hundepatienten quasi schwerelos und Gelenke und Bänder sind nicht dem Druck ihres eigenen Gewichts ausgesetzt. Ein weiterer Aspekt liegt in der oben genannten Range of Motion (Bewegungsausmaß), denn die Bewegungen beim Schwimmen sind wesentlich raumgreifender als die beim Gehen. Dies nutzt der Therapeut dazu, dass der Hund seine Schonhaltung aufgibt und zurück zu seiner ursprünglichen Haltung gelangt. Den Widerstand des Wassers bezieht der Therapeut ebenfalls mit ein. Denn durch ihn lassen sich einzelne Körperteile gezielt stärken und die Wirbelsäule in ihre korrekte Lage bringen.

Zwar können mit Hilfe einer manuellen Therapie ebenfalls Funktionsstörungen des Bewegungsapparates untersucht und behandelt sowie Schmerzen gelindert werden, der Vorteil des therapeutischen Schwimmens ist aber, dass dabei stets der gesamte Körper miteinbezogen wird. Mit einer manuellen Therapie lassen sich hingegen immer nur einzelne Körperteile bearbeiten. Es ist aber gerade die Arbeit des ganzen Körpers, die bei Hunden mit Lähmungen zu erstaunlichen Resultaten führt: Da Schwimmen ein Überlebensinstinkt ist, bewegt sich im Wasser selbst ein Hund mit

Die Arbeit im Wasser steigert nachweisbar

- die Kraft und Ausdauer der Muskulatur
- das Bewegungsausmaß der Gelenke
- die Ausdauer des Herz-Kreislaufsystems
- die Mobilität
- das Wohlgefühl

gelähmten Hinterläufen noch. Dabei sollte unbedingt beachtet werden: Je schneller gelähmte Gliedmaßen wieder in Bewegung kommen, umso größer ist die Chance, dass Nerven wieder leiten und damit Muskeln wieder kontrolliert gesteuert werden können.

Im Gegensatz zur Hydrotherapie wird bei allen anderen Therapien vor allem gegen die Schwerkraft gearbeitet. Im Wasser sind die zu überwindenden Kräfte die Viskosität, die Reibung und die Turbulenzen, was einen direkten Effekt auf die Herzfrequenz und die Sauerstoffaufnahme hat. Beim therapeutischen Schwimmen wird vor allem die Flexion der Gelenke – insbesondere Schulter, Ellenbogen, Hüfte, Knie und Tarsus – verbessert, die Extension ist dagegen kleiner als bei einer Bewegung an Land.

Bezüglich der Gelenkbewegung besteht auch ein Unterschied zwischen der Arbeit auf dem Unterwasserlaufband und dem Schwimmen. Wie bereits erwähnt, können bei einer Therapie auf dem Unterwasserlaufband bei weitem nicht alle Möglichkeiten des Wassers genutzt werden. Der Hund muss darin prinzipiell auch weiterhin laufen. Nicht selten macht er das auch noch schlechter als an Land, da sich unter ihm der „Boden“ bewegt und sich dadurch auch das Abrollen mit den Pfoten verändert. Um vorwärts zu kommen, muss er lediglich seine Extremitäten anheben.

Beim therapeutischen Schwimmen wird vor allem die Flexion der Gelenke verbessert. Die Extension ist dagegen geringer als bei einer Bewegung an Land.

Unterschied zwischen Unterwasserlaufband und therapeutischem Schwimmen

Unterwasserlaufband

- *Der Vorteil eines Unterwasserlaufbandes liegt sicherlich darin, dass sich ein Training je nach Ausstattung und Einstellungsmöglichkeiten des Produktes gezielt dosieren lässt.*
- *Auch ist es beim Muskelaufbau der Hinterhand – etwa nach einer Knieoperation – die bessere Alternative, weil durch das Laufband ein Gegendruck erzeugt wird.*

Therapeutisches Schwimmen

- Beim Schwimmen werden die Vorderläufe verstärkt eingesetzt und dadurch trainiert.
- Die Hinterbeine sind beim Schwimmen eher angezogen, was bedeutet, dass der Therapeut ein besonderes Augenmerk darauf haben muss, um die Muskulatur zu trainieren.
- Die Halswirbelsäule ist beim Schwimmen sehr gestreckt, einer Überdehnung lässt sich aber leicht mit dem Tragen einer Schwimmweste entgegenwirken. Durch diese Weste liegt der Hund zudem besser und flacher im Wasser, was dem Therapeuten erleichtert, die Hinterläufe zu stimulieren.
- Weiterhin ist das Schwimmen die bessere Wahl, wenn Probleme im Brust- und Lendenwirbelsäulenbereich und bei der Koordination vorliegen.
- Der entscheidende Vorteil zum Unterwasserlaufband liegt beim Schwimmen aber in der Nutzung des angeborenen Schwimmreflexes. Denn genau deshalb gelingt es auch, Hunden mit postoperaitven Schonhaltungen oder oft sogar paralysierte Hunde wieder zu einem physiologischen Gangbild zu verhelfen.

Und nicht zuletzt ist beim Unterwasserlaufband die Gewichtsreduzierung einfach geringer. Schwimmen trainiert zwar nicht speziell Bewegungsabläufe des Gehens, aber es fördert eine koordinierte Muskelaktivität. Weigert sich ein Hundepatient partout, auf dem Unterwasserlaufband zu gehen oder hat er panische Angst davor, dann sollte versucht werden, mit ihm zu schwimmen. Im Wasser wird sein Überlebensinstinkt letztlich dafür sorgen, dass er sich bewegt.

Wenn Hunde nicht aufs Unterwasserlaufband wollen, sollte man versuchen, sie zum Schwimmen zu animieren. Denn hier werden sie sich bewegen, um nicht unterzugehen.

Der Besitzer kann, wenn nicht anders möglich, draußen in Seen und Bächen auch selbst mit dem Hund schwimmen, ihn im Wasser laufen lassen und Übungen im Stehen durchführen. Das Wetter muss angemessen und das Wasser darf nicht zu kalt sein. Auf die Sicherheit ist strikt zu achten, und vor allem bei rekonvaleszenten Hunden sind die Übungen exakt durchzuführen. Kleine Vierbeiner können auch gut in der Badewanne schwimmen und laufen. Eines sollte man dabei nicht unterschätzen: Schwimmen ist für Hunde äußerst anstrengend.

Hundebesitzer sollten darauf achten, dass das Wasser nicht zu kalt ist, denn dann kommt es zur Gefäßverengung und zur Steigerung des Muskeltonus

Wie bei jeder Art der Physiotherapie muss auch beim therapeutischen Schwimmen der Therapeut über anatomische und physiologische Kenntnisse verfügen. Denn nur so lassen sich die einzelnen Übungen im Wasser bezüglich Art und Ausmaß der unterschiedlichen Gelenkbewegungen korrekt durchführen.

Hier sieht man deutlich, dass Hunde beim Schwimmen vor allem die Vorderbeine einsetzen, während die Hinterbeine eher vernachlässigt werden.

Anwendungsmöglichkeiten des therapeutischen Schwimmens

Erleichterungen bei Schmerzen und Schwellungen

- Muskelaufbau – auch präoperativ
- Linderung bei Arthrose
- Verbesserung der Blut- und Lymphzirkulation
- Verbesserung der Verdauung
- Stärkung des Herz-Kreislaufsystems
- Verbesserung der Körperwahrnehmung und -haltung
- Verbesserung der Beweglichkeit
- Wiederherstellung des physiologischen Bewegungsablaufs
- Rehabilitation nach Operationen und Verletzungen
- Schnellere Genesung
- Psychische Auslastung
- Erhaltung der Mobilität
- Gelenkschonende Gewichtsreduktion
- Konditionstraining für Dienst- und Sporthunde

6. Behandlung im Wasser

Allgemeines

Bei welchen Krankheitsbildern und Beschwerden eine Behandlung im Wasser sinnvoll ist, gibt die Hydromechanik im Grunde bereits vor, da der Auftrieb des Wassers den Stütz- und Bewegungsapparat entlastet. So entfällt die Kompression von Gelenken und die Muskulatur kann sich entspannen. Gelenkschmerzen klingen daher in der Regel im Wasser ab.

Da beim Schwimmen der hydrostatische Druck sowie die Wassertemperatur das Herz-Kreislaufsystem beanspruchen, sollte die Belastbarkeit des Hundes von einem Veterinär abgeklärt werden. Bestenfalls ist das schon im Vorfeld geschehen. Doch auch der Therapeut selbst sollte sich vor der ersten Schwimmstunde anhand einer ausführlichen Anamnese sowie einer gründlichen Voruntersuchung (siehe Kapitel 6.3.1.) ein Bild über den gesundheitlichen Zustand des Hundes machen. Erst danach können entsprechende Übungen mit einer individuellen Belastungsintensität durchgeführt und so eine Überforderung verhindert werden.

Das therapeutische Schwimmen sollte eine ergänzende oder unterstützende Maßnahme zur Physiotherapie sein. Bei Immobilität ist es in jedem Fall eine alternativlose Möglichkeit, wenn es darum geht, so bald als möglich einer Bewegungseinschränkung der Gelenke sowie einem Funktionsverlust der Muskulatur entgegenzuwirken. Denn therapeutische Maßnahmen im Wasser tragen dazu bei, die vollständige Bewegung eines zu entlastenden Gelenks zu erhalten. Sollte das auch mit Hilfe von herkömmlicher Physiotherapie funktionieren, würde die Rehabilitation dann allerdings wesentlich mehr Zeit in Anspruch nehmen. Gerade bei Hunden mit neurologischen Erkrankungen wie etwa Bandscheibenvorfällen, Ataxien oder degenerativen Myelopathien, bei denen schnelles Handeln angesagt ist, könnte das schwerwiegende Folgen nach sich ziehen. Obwohl die Zielsetzung beider Therapien gleich ist, sind die Unterschiede zwischen Wasser und

Land – etwa im Falle der Behandlung von Paresen – gravierend.

Beim therapeutischen Schwimmen ist es wichtig, dass der Hund sich vor dem Gang ins Wasser aufwärmt und danach auch wieder abkühlt. Dazu mehr in Kapitel 13.

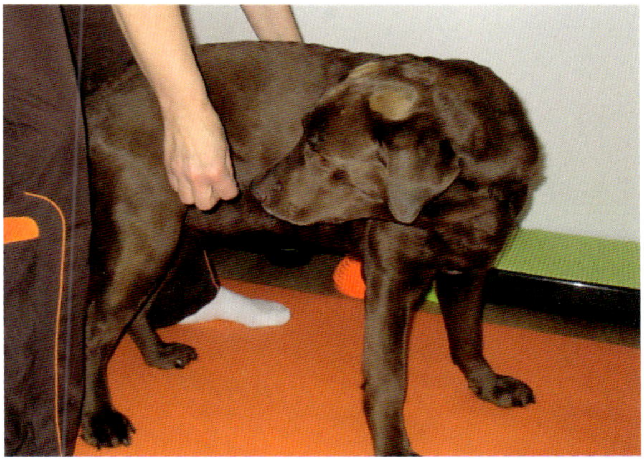

Zum Aufwärmen vor einer Behandlung im Pool eignen sich auch aktive Bewegungsdehnungen wie etwa die Seitwärtsbewegung der Wirbelsäule.

Zielsetzung

Neben Kondition und einer Verbesserung der allgemeinen Bewegung ist ein weiteres Ziel des therapeutischen Schwimmens die Koordination. Um dem Hund eine effektive Therapie im Wasser zu ermöglichen, muss er vom Therapeuten so angeleitet werden, dass er sich koordiniert bewegt. Unter Koordination versteht man dabei das komplette Zusammenspiel der Muskulatur, um eine Bewegung oder Körperhaltung fehlerfrei auszuführen – beispielsweise sich ducken, wenn der Hund in einen Agility-Tunnel kriecht oder Gelenke beugen beim Anheben der Pfote, um über Cavalettis zu laufen.

Koordination

Ziel einer guten Koordination ist ein sicherer, fließender und präziser Bewegungsablauf unter Verbrauch von möglichst wenig Energie. Koordination dient der Bewegungssteuerung und der Bewegungsregulation. Sie befähigt den Hund unter normalem Energieaufwand, Bewegungen auszuführen, die ihm bekannt sind und gleichzeitig neue Bewegungsabläufe zu erlernen. Je weniger Energie für einen Bewegungsablauf gebraucht wird, umso weniger Muskelkraft wird benötigt und umso mehr werden die Gelenke dabei geschont.

Bestimmte Bewegungsabläufe können ausschließlich durch ihre Ausführung erlernt werden. Dabei wird das zentrale Nervensystem beansprucht und das Zusammenspiel der zugehörigen Nervenfasern wird verbessert. Jede neue Bewegung wird aufgrund bestehender und abgespeicherter Muster entwickelt. Das bedeutet, je größer der Bewegungsschatz, desto schneller werden neue Bewegungen erlernt und automatisiert.

Für einen Erfolg müssen diese Bewegungen allerdings kontinuierlich wiederholt werden. Denn ohne Reize kommt es zu morphologischen Rückbildungen der Nervenverknüpfungen: also sowohl die Struktur als auch die Form verändern sich. Das wiederum hat zur Folge, dass sich die Koordination einer Bewegung verschlechtert oder sogar vollkommen verlernt wird.

Die Wahrnehmung des Reizes durch Sinnesorgane und das motorische Verhalten stehen im direkten Zusammenhang. Diese Prozesse laufen parallel, wie etwa zwischen Nase, Ohr sowie Auge und der gezielten Steuerung von Beinbewegungen bei der Jagd. Die sensorischen Rückmeldungen, also visuelle, auditive, taktile oder propriozeptive Wahrnehmungen des eigenen Körpers, wer-

Ziel einer guten Koordination ist ein sicherer, fließender und präziser Bewegungsablauf, bei dem möglichst wenig Energie verbraucht wird. Das wiederum entlastet letztendlich die Gelenke.

den während einer Bewegung auch für die Bewegungskorrektur genutzt. Man spricht hier von Sensomotorik, da motorische Abläufe wie Bewegungen ohne sensorische Informationen nicht möglich wären.

Ist die Koordination einer Bewegung gestört, werden Gelenkstrukturen biomechanisch ungünstig belastet. Wenn es bei einer bestimmten Bewegung zu einer Schmerzmeldung im zentralen Nervensystem kommt, wird der Hund diese abbrechen und eine Möglichkeit suchen, sie zu vermeiden. Findet der Hund keine Ausweichmöglichkeit – etwa, um das Knie zu schonen geht er verstärkt in die Beugung von Hüfte und Tarsalgelenk –, kann es soweit kommen, dass er eine Bewegung total verweigert und beispielsweise nicht mehr ins Auto springt. Je länger er diese Ausweichbewegung oder Schonhaltung einnimmt, desto größer ist die Wahrscheinlichkeit, dass er sie sich bleibend angewöhnt.

Verbesserung der Koordination:

Sensomotorisches Lernen ist nur durch häufige, zielgerichtete Bewegung möglich.

- Jede Bewegung ist eine koordinative Leistung, die aber ohne Kraft und Ausdauer nicht möglich ist.
- Lernprozesse benötigen viele Wiederholungen. Dabei ist auf den Ermüdungszustand des Hundes zu achten.
- Ein Koordinationstraining beginnt mit einfachen Übungen und wird im Laufe der Zeit anspruchsvoller.
- Eine gute Koordination ist eine effektive Verletzungsprophylaxe.

Die Basis für eine Koordination ist die Grundbeweglichkeit, die genetisch bedingt ist. Wie viele Wiederholungen man im Einzelfall benötigt, hängt zum einen von der Grundbeweglichkeit und zum anderen vom bereits erlernten Bewegungsschatz des Hundes ab.

Die Anpassung der Bindegewebsstrukturen – wie etwa Sehnen, Bänder, Faszien oder Kapseln – dauert weitaus länger als die Festigung koordinativer Fähigkeiten. Hier spielt neben der genetischen Komponente auch eine Rolle, was der Hund in seiner Zeit als Welpe oder Junghund gelernt hat und unter welchen Umständen er dabei gehalten wurde.

Hinterbeinaktivität

Hunde belasten im Schritttempo ihre Vorderbeine deutlich stärker als die Hinterbeine. Letztere werden nur bei vollem Sprint maximal eingesetzt. Ansonsten liegt die Gewichtsverteilung bei 60 Prozent vorne und bei 40 Prozent hinten – was in etwa auch der statischen Massenverteilung zwischen Vorder- und Hinterkörper entspricht. Das lässt sich bereits an den Pfoten ablesen: Die Vorderpfoten sind größer als die hinteren. Die Hinterläufe setzt der Hund in der Bewegung eher unbewusst ein.

Beim Sprint kommen die Hinterbeine voll zum Einsatz.

In der ersten Therapiestunde sieht man deshalb auch oft, dass die Hinterbeine absinken, während der Hund versucht, sich mit den vorderen aus dem Wasser zu ziehen. Eine verstärkte Hinterbeinaktivität und der daraus resultierende Muskelaufbau, der etwa bei einer Hüftgelenkdysplasie, Patellaluxation, einem Kreuzbandriss oder auch Arthrosen erfolgen soll, ist deshalb neben Koordination, Mobilisation und Kondition ein weiteres wichtiges Ziel des therapeutischen Schwimmens.

Ist jeder Hund geeignet?

Wie bereits in Kapitel 4 erwähnt, ist die Auffassung, dass jeder Hund per se schwimmen kann, nicht ganz korrekt. Einige Hunde sind wie geschaffen für das Schwimmen und die Arbeit im Wasser, andere weniger. Obwohl die Mehrzahl der gesunden Hunde durchaus zu schwimmen in der Lage ist, gibt es eben doch auch einige Vertreter des Canis lupus familiaris, denen man es erst Schritt für Schritt beibringen muss. Entweder weil sie als Welpen oder Junghunde keine Möglichkeit dazu hatten, sich im Wasser fortzubewegen, oder weil ihr Körperbau sich nicht optimal dazu eignet. Am Rande sei erwähnt, dass Hunde, die eigentlich schwimmen können, trotzdem ertrinken können. Denn oftmals schätzen sie Risiken falsch ein und können sich aus prekären Situationen nicht alleine befreien.

Allgemein wird die Auffassung vertreten, dass jeder Hund schwimmen kann. Diese Aussage ist nicht ganz richtig. Tatsächlich existieren zahlreiche Vertreter, denen man Schwimmen erst beibringen muss.

Ob Hunde für therapeutisches Schwimmen geeignet sind, ist in erster Linie abhängig von ihrem körperlichen und gesundheitlichen Allgemeinzustand. Das Alter spielt dabei keine Rolle, jedoch müssen die Schwimmübungen entsprechend angepasst werden, um eine Überbeanspruchung und Beschädigung der Gelenke sowie eine zu schnelle Zunahme an Muskelmasse zu vermeiden. Denn ein überanstrengter Muskel neigt eher zu Verletzungen.

Der Muskelaufbau, eines der wichtigsten Resultate der Hydrotherapie, kann allerdings für einen Welpen oder Junghund, dessen Knochen noch nicht voll entwickelt sind, eher kontraproduktiv sein. Denn für das Mehrgewicht an Muskelmasse ist der Bewegungsapparat einfach nicht ausgelegt, was letztlich zu Schäden an Knochen und Gelenken führen kann. Deswegen müssen für sie andere Übungen im Vordergrund stehen.

Früh übt sich, was ein Meister werden will. Denn wer als Welpe schon im Wasser planschen darf, wird später mit dem Schwimmen keine Probleme haben.

Ein therapeutisches Schwimmen ist sicherlich für jeden gesunden Hund eine Bereicherung. Doch ganz besonders eignet es sich für alte und immobile Hunde, Hunde mit Lähmungen, Sport, Gebrauchs-, Dienst- und Jagdhunde, für Hunde nach Operationen und/oder Verletzungen, für übergewichtige Hunde und für Welpen – nicht zuletzt, um sie von klein auf ans Schwimmen zu gewöhnen.

Voruntersuchung

Vor Beginn einer Schwimmtherapie sollte ein Termin für eine genaue Anamnese des Hundes stattfinden. Zum einen, um eventuelle Probleme wie Lungenerkrankungen oder Herzbeschwerden auszuschließen, welche durch das Schwimmen verstärkt werden könnten. Zum anderen natürlich, damit der Hund den Therapeuten schon im Vorfeld kennenlernt und Vertrauen fasst – und auch umgekehrt.

Beim ersten Termin sollte der Therapeut den Hund „auf Herz und Nieren“ untersuchen, beginnend mit den Augen. Sie müssen bei einem gesunden Hund wach, klar und reaktionsfähig sein. Der Hundepatient sollte keinen übermäßigen Augenausfluss haben, die Augäpfel sollten nicht rot sein, er sollte nicht blinzeln. Augenentzündung oder Schwellung sollten nicht zu erkennen sein.

Die zahlreichen Hunderassen verfügen über verschiedene Ohrformen und Ohrlängen. Manche von ihnen sind anfälliger für Ohrentzündungen – so etwa Cocker Spaniel oder Basset Hound. Die Ohren müssen überprüft werden, ob sie heiß sind, geschwollen oder schmerzhaft. Hält der Hund den Kopf beim Schwimmen relativ tief, kann der Therapeut eine Halskrause in Form eines aufblasbaren Ringes anlegen, damit kein Wasser in die Ohren dringt.

Bei Hunderassen mit Schlapp- oder Hängeohren müssen beim therapeutischen Schwimmen auch die Ohren überprüft werden.

Auch die Überprüfung der Mundschleimhäute inklusive der kapillaren Füllzeit sollte Teil der Untersuchung sein. Kapillare nennt man die kleinsten Blutgefäße. Die kapillare Füllzeit, oder auch Rückfüllzeit genannt, ist eine der wichtigsten Vitalwerte des Hundes. Nach dem Hochschieben der Lefzen wird durch einen Fingerdruck eine lokale Blutarmut an einer gut sichtbaren Stelle der Mundschleimhaut erzeugt, wobei dann die Geschwindigkeit des zurückströmenden Blutes Auskunft über den Zustand des Kreislaufsystems gibt. Bei einem stabilen Kreislauf dauert es in der Regel ein bis drei Sekunden, bis sich die ursprüngliche Farbe wieder einstellt. Dauert es länger als drei

Sekunden, liegt wahrscheinlich bereits ein Schockzustand vor. Normal ist die Mundschleimhaut feucht und rosa bis bräunlich, je nach Hund auch mit dunklen Pigmentflecken. Farbveränderungen ins Blasse, Blaue, Graue oder Gelbe können Hinweise auf gesundheitliche Probleme sein.

Weist die Haut im Maul keine oder nur wenige Pigmente auf, sodass eine Überprüfung der Mundschleimhaut nicht möglich ist, dann lässt sich der Kreislauf auch durch einen Blick auf die Farbe der Nickhaut bestimmen. Diese zeigt ähnliche Farben wie die der Mundschleimhaut auf. Das heißt: Ist sie rosa, ist in der Regel alles in Ordnung.

Auch die Haut des Hundes sollte auf Verletzungen, Entzündungen,

Eine Überprüfung der Mundschleimhaut und dadurch des Kreislaufsystems ist Pflicht, bevor ein Hund ins Therapiebecken steigen darf.

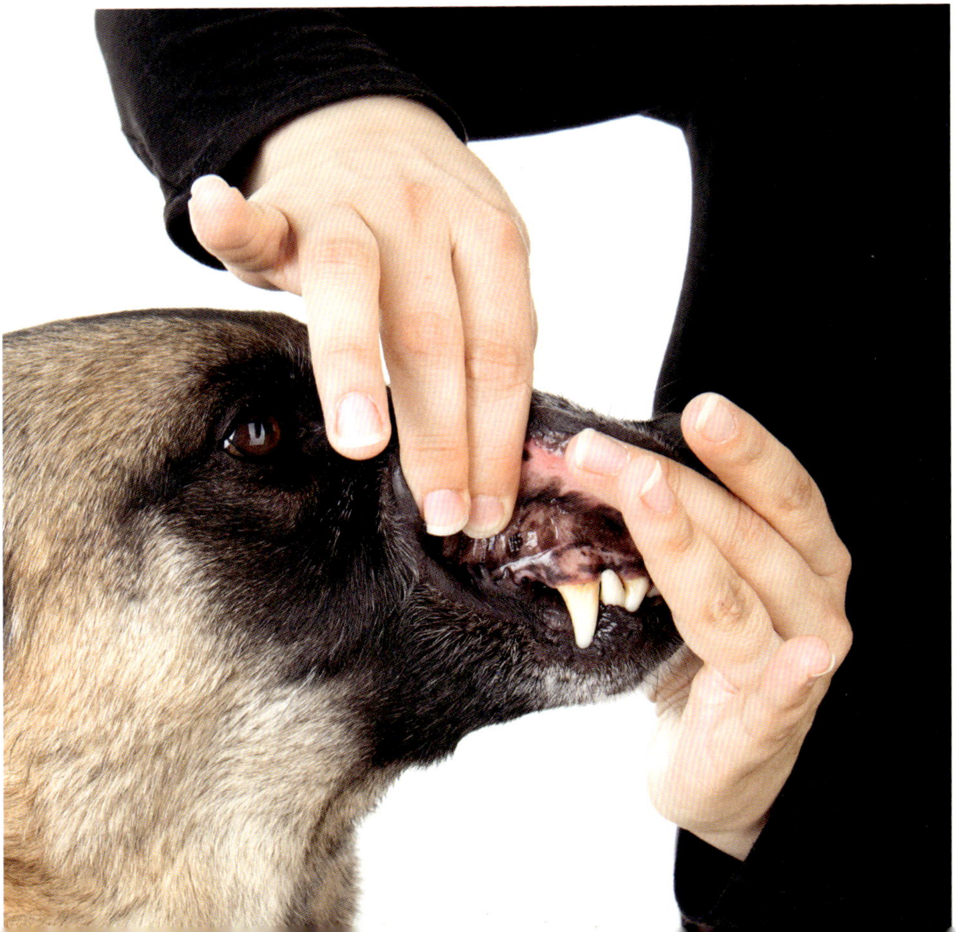

offene Wunden, Parasiten und Rötungen, die auf Hautreizungen hindeuten, untersucht werden.

Um den Erfolg einer Therapie schriftlich festhalten zu können, sollte man den Hund vor der ersten Behandlung wiegen und die Muskulatur messen. So lassen sich Gewichtsabnahmen beziehungsweise ein Muskelaufbau gut nachvollziehen.

Vor dem ersten Termin erfolgt – falls möglich – eine Gangbildanalyse. Der Hund sollte, sofern er es noch kann, in verschiedenen Geschwindigkeiten gehen, sodass sich der Therapeut ein Bild vom Bewegungsablauf machen kann. Dabei geht der Hund jeweils in Schritt und Trab zunächst auf einer geraden Strecke auf und ab. Dann bewegt er sich in beiden

Um einen Muskelaufbau während der Therapie auch kontrollieren zu können, bietet es sich an, den Hund beim ersten Termin zu vermessen.

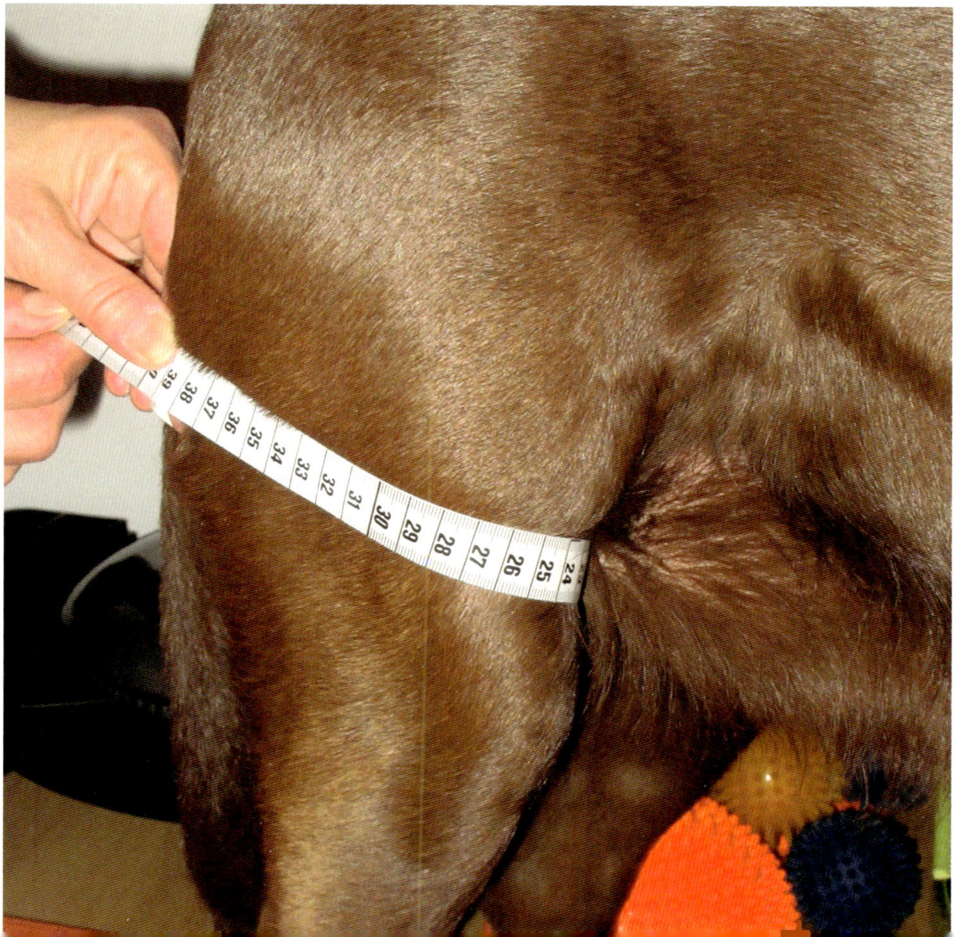

Geschwindigkeiten im Kreis – einmal im Uhrzeigersinn und einmal entgegen. Dabei werden alle Gangbildveränderungen, Schonhaltungen und Lahmheiten erfasst.

Beim normalen Laufen in Schrittgeschwindigkeit ist es oftmals schwierig, eine kleine Lahmheit festzustellen, weil der Hund in der Regel mit drei Gliedmaßen auf der Erde läuft und sie somit gut kompensieren kann. Im Trab sieht das schon etwas anders aus, weil dabei nur zwei Gliedmaßen aufgesetzt werden. Hier erkennt der Therapeut, ob ein Bein nicht so belastet wird, wie es sollte.

Zudem wird beim Gehen auch die Bewegung des Schwanzes beobachtet, der ebenfalls ein Spiegelbild für Schmerzen ist. Schwingt er vermehrt nach rechts oder schlägt er gar nur nach rechts aus, dann zeigt das, dass der Hund auf der rechten Seite Probleme im Bewegungsapparat aufweist.

Auch Körpertemperatur, Pulsfrequenz und Atmung müssen vor dem ersten Gang ins Schwimmbecken gemessen werden. Dabei richtet man sich nach physiologischen Standardwerten. Bei diesen Normwerten darf nicht außer Acht gelassen werden, dass sie individuell unterschiedlich sein können: Es kann immer

Beim Gehen ist die Rute des Hundes ein guter Indikator für Schwierigkeiten im Bewegungsapparat. Schwingt sie vermehrt zu einer Seite oder gar nur auf eine Seite, liegt ein Problem vor.

Abweichungen geben, die durch äußere Umstände wie beispielsweise das Wetter beeinflusst werden oder aber durch die körperliche Konstitution des Hundes bedingt sind, wie etwa dem Alter oder Fütterungszustand. Aber auch Rasse und Körpergröße können die Werte beeinflussen.

Die Körpertemperatur sollte bei einem erwachsenen, gesunden Hund zwischen 37,5 und 39°C und bei einem Welpen bis 39,5°C liegen. Sie wird rektal gemessen und kann etwas erhöht sein, wenn ein Hund aufgeregt und nervös ist, was natürlich in der Situation vor der ersten Schwimmstunde gut der Fall sein kann.

Der Puls sollte im Ruhezustand gemessen werden und bei kleinen Hunden zwischen 100 und 130 Herzschlägen pro Minute liegen, bei großen zwischen 70 und 120. Er wird an der Innenseite der Hintergliedmaße im Oberschenkelbereich gemessen, indem man die Arteria femoralis (Oberschenkelarterie) ertastet. Es empfiehlt sich, dort 15 Sekunden lang zu zählen und das Ergebnis mit vier zu multiplizieren (Pulsfrequenz = Pulsschläge pro Minute).

Des weiteren sollte man auf die Intensität und den Rhythmus des Pulses achten. Eine pathologische, krankhaft bedingte Erhöhung kann auf Entzündungen, Schmerzen, Vergiftungen oder andere Erkrankungen hinweisen.

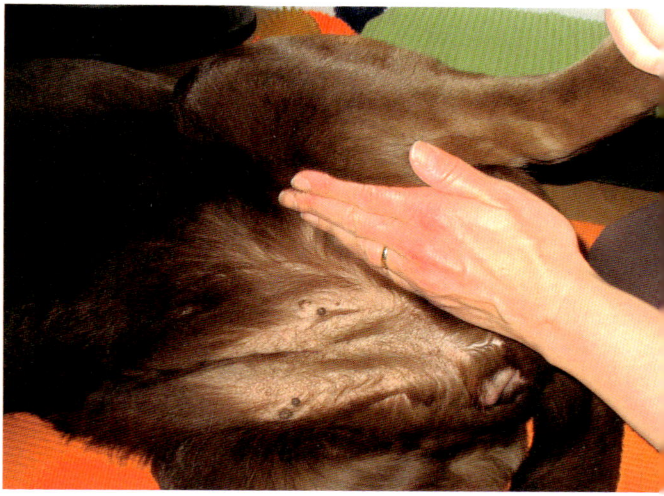

Der Puls des Hundes wird an der Innenseite des Hinterlaufs im Oberschenkelbereich gemessen.

Bei einer Erkrankung wie beispielsweise einer Herzstörung kann es auch zu einem niedrigeren Puls kommen. Eine physiologische, nicht krankhaft bedingte Erhöhung des Pulses kann bei jungen aufgeregten, kleinen oder trächtigen Hunden jedoch manchmal gegen Abend auftreten. Gut trainierte Sport- und Diensthunde weisen dagegen oftmals eine erniedrigte Pulsfrequenz auf.

Die Atemfrequenz kann durch Aufregung, Stress, körperliche Anstrengung oder das Wetter erhöht sein und wird daher immer nur im Ruhezustand gemessen. Die Atmung im ruhenden Zustand sollte bei großen

Hunden zwischen 14 und 22 Atemzügen pro Minute liegen, bei kleinen zwischen 18 und 30. Hunde sollten in Ruhe nicht hecheln, was allerdings auch individuell und Rasse spezifisch betrachtet werden muss. Einem Husky kann im Winter bereits eine Innentemperatur zum leichten Hecheln bringen, während ein Mops mit ausgeprägtem brachycephalen Syndrom aufgrund seiner Atmungsprobleme ständig hechelt.

Bei einem Mops mit ausgeprägtem brachycephalen Syndrom gelten aufgrund seiner Atemprobleme für die Messung der Atemfrequenz andere Normen.

Vitalwerte des Hundes

- Vitalwerte sind medizinische Indikatoren, die über den körperlichen Zustand des Hundes Auskunft geben.
- Vitalwerte hängen unmittelbar mit den lebenswichtigen Vitalfunktionen zusammen, insbesondere Atmung und Kreislauf.
- Vitalwerte werden in physikalischen Größen bestimmt und lassen sich daher messen, zählen, wiegen oder analysieren.
- Die vier fundamentalen Vitalwerte sind die Herzfrequenz, die Pulsfrequenz, die Atemfrequenz und die Körpertemperatur. Wichtig sind auch noch der Blutzuckerspiegel und der Blutdruck.

Bei älteren Hunden bietet es sich an, während des therapeutischen Schwimmens immer mal wieder die Mundschleimhaut und damit den Kreislauf zu überprüfen.

Vitalfunktionen	Normalwert
Atmung (ruhend)	kleiner Hund : 18 bis 30 Atemzüge / Minute
	großer Hund: 14 bis 22 Atemzüge / Minute
Herz	kleiner Hund: 100 bis 130 Herzschläge / Minute
	großer Hund: 70 bis 100 Herzschläge / Minute
Kapillare Füllzeit	zwischen 1-3 Sekunden
Mundschleimhaut	rosa – in Ordnung
	blass – Schock, Blutarmut
	blau – Mangel an Sauerstoff
	grau – Vergiftung
	gelb – Leberproblem
Körpertemperatur	Adult – 37,5 bis 39 Grad
	Welpe – bis 39,5 Grad
Trinkwasserbedarf	Trockenfutter: 50 ml bis 100 ml pro Kilogramm Körpergewicht
	Nassfutter: 20 bis 50 ml pro Kilogramm Körpergewicht
Lymphknoten	sollten nicht tastbar sein

Untersuchungen vor dem ersten Schwimmtherapie-Termin

- Augen
- Ohren
- Mundschleimhaut
- Haut
- Gewicht
- Körpermaß
- Gangbildanalyse
- Temperatur
- Puls
- Atmung

Rasse

Es gibt zuchtspezifische Unterschiede, auf die in der Hydrotherapie besonders geachtet werden muss. So können Körperbau oder Behaarung Probleme beim Schwimmen bereiten. Hunde brachycephaler Rassen mit kurzen Nasen wie Bulldoggen, mit schweren Körpern und kurzen Beinen wie Basset Hounds oder mit extrem langem und dichtem Fell wie Pulis sind fürs Schwimmen nicht gerade wie gemacht. Doch auch diese können es erlernen – mit Hilfe einer Schwimmweste und unter Anleitung. Die Weste dient dabei der Stabilisierung im Wasser.

Wasserbegeisterung dürfte bei einem Puli Fehlanzeige sein. Vollgesaugte Schnüre behindern ihn beim Schwimmen, sind danach extrem schwer und trocknen sehr langsam.

Alter

Die Schwimmtherapie ist natürlich auch für Hundesenioren geeignet, die dadurch revitalisiert und mobilisiert werden können. Die Bewegung ohne Schmerzen im warmen Wasser tut ihnen ganz besonders gut, weil sie sich ansonsten oftmals kaum mehr bewegen können. Zudem kommt durch das Schwimmen auch der Stoffwechsel wieder in Schwung. Aufgrund eingeschränkter oder gar verlorener Sinnesleistungen benötigen sie in der Regel eine enge Führung durch den Therapeuten. Zusätzliche Sicherheit kann es ihnen geben, wenn sie dicht am Beckenrand schwimmen oder zusammen mit einem anderen Hund im Wasser sind. Allerdings ist zu beachten, dass sich ein Therapeut niemals alleine mit zwei Hunden im Wasser befindet, sondern sich in diesem Fall immer jemanden mit ins Becken holt, eventuell auch den Besitzer.

Schwimmen ist für Senioren manchmal die einzige Art, sich schmerzfrei zu bewegen.

Bei Welpen gerade schnell- und großwüchsiger Rassen sollte man gut darauf achten, wie viel und intensiv sie sich bewegen, um späteren Gelenkschäden vorzubeugen. Weil sie aber im ersten Lebensjahr nicht so lange und anstrengende Strecken laufen sollen, ist Schwimmen für junge Hunde eine geeignete Alternative, sich auszupowern. Allerdings muss hier auch immer ein Augenmerk auf die Muskeln liegen, damit diese nicht im Übermaß aufgebaut werden.

Das Schwimmbecken

In einem Becken für therapeutisches Hundeschwimmen kann die Desinfektion des Wassers mit Chlorzusätzen oder Salz erfolgen. Kommt Chlor zum Einsatz, sollte die verwendete Menge so gering sein wie nötig, um eine Desinfektion zu gewährleisten. Eine andere Art der Desinfektion des Wassers erfolgt durch Hinzufügen eines bestimmten Prozentsatzes an Salz, der mit 0,4 Prozent nur einem Zehntel dessen entspricht, was

Meerwasser beinhaltet. Der geringe Salzgehalt wirkt sich gleichzeitig positiv auf die Haut aus. Zudem müssen Hunde im Anschluss an die Therapie nicht geduscht werden. Damit wird die Wirkung des Salzwassers auf der Haut noch verstärkt.

Ein Pool für Hunde lässt sich mit unterschiedlichen Mitteln desinfizieren.

Die Größe des Pools ist nicht festgelegt, sollte aber bestimmte Maße nicht unter- oder überschreiten. Erfahrungsgemäß sollte das Becken mindestens 200 cm x 300 cm messen und maximal 500 cm x 600 cm groß sein. Es ist nicht sinnvoll, einen zu großen Pool zu haben, da beispielsweise kleine Hunde oft extrem schnell im Wasser unterwegs sind, so dass man als Therapeut eventuell in Schwierigkeiten gerät, hinterher zu kommen. Die Wassertemperatur beim therapeutischen Schwimmen sollte zwischen 29 und 32°C liegen, aber keinesfalls höher oder gar niedriger.

Mehr Informationen dazu, welche Pools sich beispielsweise zum therapeutischen Schwimmen eignen, was eine Filteranlage leisten muss und was es alles sonst noch zu beachten gilt, finden sich in Kapitel 12.

Vorgehensweise

Ein Hund, der noch nie im Wasser war und seine erste therapeutische Schwimmstunde hat, wird umgehend reagieren, sobald er ins Nass eintaucht. Er wird versuchen, irgendwo Halt zu finden. Immerhin fühlt er keinen Boden mehr unter den Füßen. Um sich an die veränderten Umstände im Wasser gewöhnen zu können, benötigt er Zeit. Für den Therapeuten bedeutet das, dass er behutsam vorgehen muss, um den Hund ans Wasser zu gewöhnen. Letztendlich müssen sich auch ängstliche und unsichere Hunde im Wasser wohl und sicher fühlen. Denn nur, wenn das Schwimmen als angenehm empfunden wird, lassen sich Übungen erfolgreich gestalten. Ist das geglückt, verlassen die Hundepatienten den Pool nicht selten ganz selbstbewusst, was wiederum eine enorme Steigerung der Lebensqualität darstellt.

Auch ängstliche Hunde müssen sich beim therapeutischen Schwimmen im Wasser wohl und sicher fühlen.

Gewöhnung ans Wasser

Eines vorneweg: Die Voraussetzung für eine erfolgreiche Schwimmtherapie ist, dass der Hund mitarbeitet. Das kann er nur, wenn er sich im Wasser wohlfühlt und Vertrauen zum Therapeuten fasst. Dafür darf er nicht mit Gewalt ins Becken gezogen, sondern muss positiv an diese Therapieform herangeführt werden. Selbst Hunde, die schon im Meer oder in Seen geschwommen sind, zögern trotzdem häufig beim Einstieg ins Becken.

Die erste Begegnung mit Wasser löst bei Hunden die unterschiedlichsten Reaktionen aus. Nicht jeder Hund wird es als angenehm empfinden. Der Auftrieb, der von Anfang an wirkt, wird für viele zunächst etwas Bedrohliches haben. Denn an Land gibt es kein vergleichbares Körpergefühl. Mit zunehmender Wassertiefe wird er sich zwar leichter fühlen, gleichzeitig verliert er dabei aber auch den Boden unter den Pfoten – und damit auch sein Gleichgewicht. Hinzu kommt der Reibungswiderstand, der seine Bewegungen bremst und gegen den er mit Kraft ankämpfen muss, um vorwärts zu kommen.

Um einem Hund all diese Ängste zu nehmen oder zumindest zu verringern, geht der Therapeut mit ihm zusammen ins Wasser und bleibt mit der Hand am Griff der Schwimmweste die ganze Zeit an seiner Seite. Gleichzeitig werden die Bewegungen des Hundes dabei gesteuert und eventuell bereits seine Muskeln gezielt beansprucht. Wichtig ist dabei vor allem, den Hund nicht zu überfordern und immer wieder Pausen einzulegen, in denen er sich etwas erholen kann. Am besten geht das auf einer Vorrichtung, die sich im Wasser befindet – etwa einer waagrechten Verlängerung zur Rampe oder einer Treppenstufe. Da das therapeutische

Der Therapeut muss einen Hund langsam und mit viel Fingerspitzengefühl ans Wasser gewöhnen.

Schwimmen im warmen Wasser gerade für aufgeregte oder ängstliche Hunde eine besondere Anstrengung für das Herz- Kreislaufsystem darstellt, muss es kontrolliert durchgeführt werden. Denn nur so ist es für Hunde angenehm und sie können sich wohl fühlen.

Hunde, die den Kopf sehr tief halten, gesundheitliche Probleme mit ihren Ohren haben oder während des Schwimmens einfach zu viel Wasser schlucken, bekommen zusätzlich einen Halskragen um, ähnlich einem Schwimmring. Diese aufblasbaren Schutzkrägen bekommt man in jedem Fachgeschäft für Tierbedarf.

Und ist der Hund noch so klein: Ohne Schwimmweste geht erstmal gar nichts.

Sicherung

Beim therapeutischen Schwimmen sind die Hunde zusammen mit einem Therapeuten im Wasser. Er unterstützt den Hund individuell und angepasst an dessen Beschwerden. Jedem Vierbeiner wird beim ersten Schwimmen aus Sicherheitsgründen immer eine Schwimmweste angezogen. Denn der Therapeut kann nicht wissen, wie der Hund im Wasser reagiert – bestenfalls gelassen, schlimmstenfalls vollkommen panisch.

Ist der Hund im Wasser, wird er vom Therapeuten zunächst am Griff der Schwimmweste festgehalten, damit er sich langsam an das für ihn

Für Rassen wie die Französische Bulldogge ist die Schwimmweste Pflicht.

oft ungewohnte Terrain gewöhnen kann. Zudem ermöglicht das Halten eine gezielte Führung. Beginnt er, sich an die neue Umgebung zu gewöhnen und bewegt sich halbwegs sicher, wird er kurzzeitig auch losgelassen. Ansonsten hätte der Therapeut keine Chance, die Schwimmbewegung im Gesamten zu sehen und zu beurteilen, geschweige denn die richtigen Übungen für den Hund festzulegen. Noch bevor der Griff losgelassen wird, muss der Hund allerdings gelernt haben, wie er das Becken wieder verlassen kann – je nach Pool über eine Rampe oder über Stufen. Ansonsten wird er immer probieren, über den Beckenrand aus dem Wasser zu kommen und dabei in Panik geraten, weil dies nicht funktioniert. Schlimmstenfalls wird er sich bei diesem Versuch sogar verletzen.

Je nach gesundheitlichen Problemen und / oder einer Kooperationsbereitschaft des Hundes kann die Weste beim therapeutischen Schwimmen später auch ganz abgenommen werden. Der Vorteil dabei: Die Rückenmuskulatur wird stärker beansprucht und die Bewegungskoordination noch intensiver trainiert.

Behandlungszeit

Im Unterschied zum Schwimmen im See, bei dem der Hund selbst entscheidet, wie lange er sich anstrengt, werden die Dauer und der Bewegungsablauf in der Hydrotherapie vom Therapeuten bestimmt. Eine 20-minütige Trainingseinheit inklusive Pausen ist für Hunde etwa genauso anstrengend, wie eineinhalb Stunden neben dem Fahrrad zu traben. Die zeitliche Festlegung der einzelnen Schwimmsequenzen und Pausen hängt daher in erster Linie vom Alter und der Kondition des Hundes und seiner vorliegenden Krankheit ab.

Die Häufigkeit einer Therapiestunde variiert von ein bis drei Mal

Hunde brauche während des Schwimmens immer mal wieder kleine Pausen.

in der Woche bis hin zu 14-tägigem Schwimmen. Es kommt ganz darauf an, ob man einen Zustand verbessern oder erhalten will. Oftmals wird für eine dauerhafte Therapie auch ein Termin pro Woche festgelegt. Im Sommer kann der Besitzer natürlich auch selbst mit seinem Hund zum Schwimmen gehen, wenn er darauf achtet, dass weder Wasser- noch Außentemperatur zu kühl sind. Allerdings dient das Paddeln in See und Meer eher einer Wohlfühltherapie und ersetzt keinesfalls ein therapeutisches Schwimmen.

Begonnen wird das therapeutische Schwimmen in kleinen Trainingseinheiten von einer Minute – und das dann vier bis fünf Mal. Dazwischen kann sich der Hund

Nach dem Schwimmen ist es wichtig, den Hund gründlich abzutrocknen. Je nach Außenwitterung kommt er zudem noch unter den Fön oder die Rotlichtlampe.

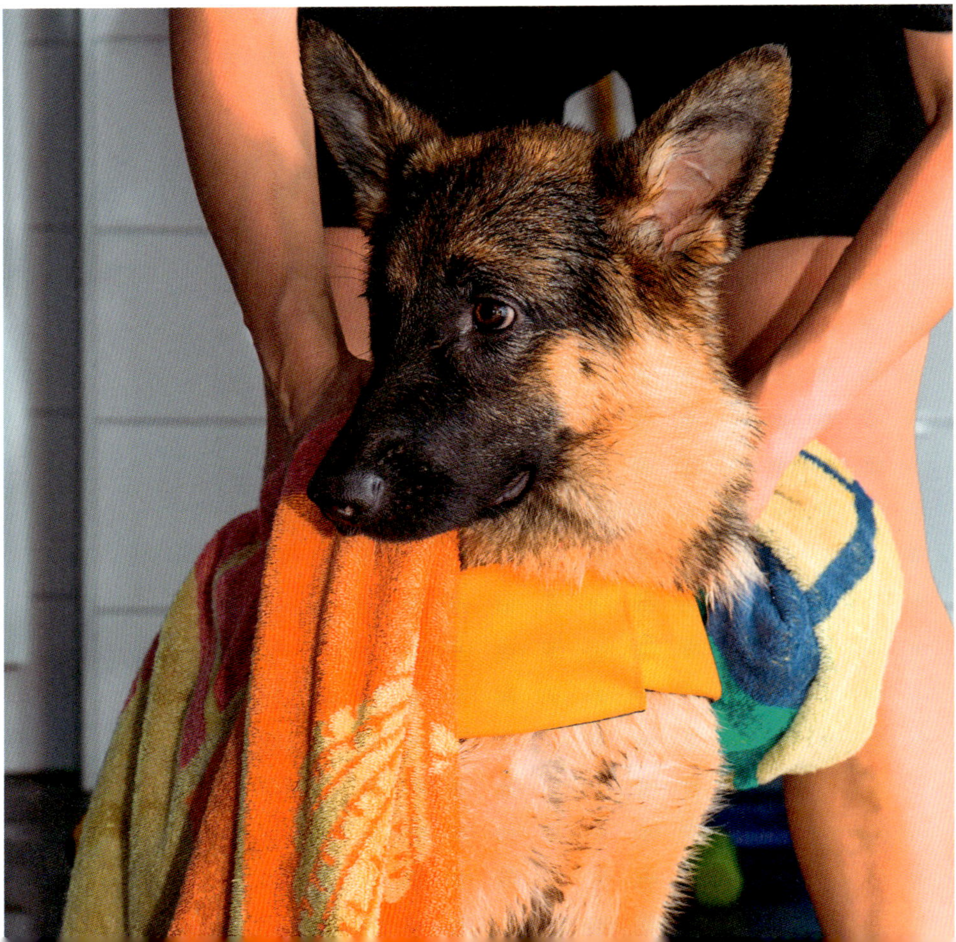

erholen, natürlich immer an der Seite des Therapeuten. Danach lassen sich Kondition und Bewegung des Hundes bereits beurteilen und ein Therapieplan kann erstellt werden.

Gemäß Alter, allgemeiner Fitness und Häufigkeit der Therapie werden die Trainingsintervalle gesteigert. Je nach Krankheitsbild eignen sich dann für manche Hunde eher kurze Einheiten in häufiger Wiederholung – gerade auch für Senioren. Für andere ist es besser, in langen Einheiten mit wenigen Wiederholungen zu trainieren – etwa für junge Hunde.

In jedem Fall müssen Hunde nach dem Schwimmen ordentlich abgetrocknet werden. Dafür eignen sich besonders saugfähige Hundehandtücher aus Mikrofasern. Bei kaltem Wetter sollten sie danach noch geföhnt werden oder unter der Rotlichtlampe trocknen, bevor es wieder in die Kälte geht. Zudem eignet sich für solche Momente auch ein wärmendes Mäntelchen für den Hund.

Was es bei einer Schwimmtherapie zu beachten gibt

- Der Hund sollte etwa zwei bis drei Stunden vor dem Schwimmen nicht mehr fressen.
- Vor der Therapie sollte der Hund sich gelöst haben.
- Auch sollte der Hund sauber sein. Notfalls muss er noch abgeduscht werden.
- Lose Haare sollten vorher mit Kamm oder Bürste entfernt werden.
- Lieblingsleckerchen oder sein Lieblingsspielzeug helfen oftmals, sich zu überwinden, ins Wasser zu gehen.
- Nach der Schwimmtherapie muss der Hund gut abgetrocknet werden. Bei kalten Außentemperaturen kann zusätzlich ein Fön oder eine Rotlichtlampe verwendet werden.
- Zusätzlich sollte der Hund in der kalten Jahreszeit für den Heimweg warm eingepackt werden.

Die besten Erfolge beim therapeutischen Schwimmen erlangt man im Übrigen, wenn es mit weiteren Maßnahmen der Physiotherapie kombiniert wird.

7. Einzelne Übungen

Die in diesem Kapitel beschriebenen Übungen sollten nur durch ausgebildete Therapeuten durchgeführt werden. In Ausnahmefällen kann der Therapeut Hundebesitzern Übungen zeigen, die auf ihren Hund und dessen Erkrankung sowie das Erkrankungsstadium zugeschnitten sind. Diese lassen sich dann im eigenen Pool, im Meer oder im See durchführen – sofern es die Wassertemperaturen zulassen. Zur Absicherung sollten Hunde dafür allerdings genauso wie beim therapeutischen Schwimmen eine Schwimmweste tragen.

Variiert werden können die einzelnen Übungen durch Änderung des Tempos, der Richtung oder durch verschiedene Stufeneinstellungen der Gegenstromanlage – sofern eine vorhanden ist. Die Kombination aus verschiedenen oder allen Variationen ist eine weitere Möglichkeit.

Höchste Priorität während der Übungen hat die regelmäßige Kontrolle der Vitalfunktionen des Hundes, die in den Ruhepausen auf der Rampe oder Treppenstufe durch den Therapeuten durchgeführt wird. Die Konstitution, die Erkrankung und das Erkrankungsstadium entscheiden darüber, wie viele Ruhepausen für den Hund bestimmt werden und wie lange sie dauern.

Die Sonne

Die *Sonne* beschreibt einen großen, möglichst den Raum des ganzen Pools ausfüllenden Kreis. Sie dient primär der Gewöhnung des Hundes an die Größe des Schwimmbeckens und den sich darin befindenden Therapeuten. Diese Gewöhnungsphase darf nicht unterschätzt werden. Denn Hunde finden es am Anfang nicht nur befremdlich, dass der Pool einen Rand hat und es augenscheinlich keinen Ausstieg gibt. Zusätzlich ist zusammen mit ihnen noch eine Person im Wasser, die ihnen nicht vertraut ist und sich die ganze Zeit auch noch direkt neben ihnen befindet. Der Hund muss also lernen, wo er das Becken wieder verlassen kann und den Therapeuten im Wasser zu akzeptieren.

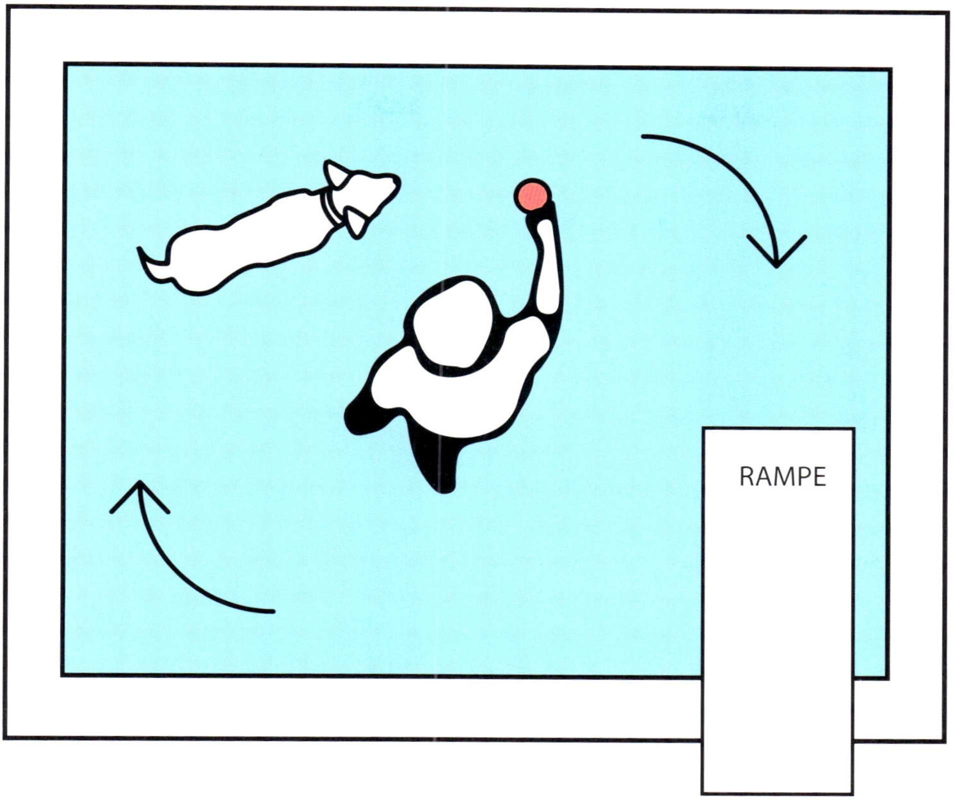

Übung Sonne: Zur Eingewöhnung nur in Richtung Rampe, danach sowohl im wie auch entgegen dem Uhrzeigersinn.

Der Hundebesitzer sollte während des Schwimmens am Beckenrand stehen. Entweder, um den Hund zu beruhigen. Denn gerade, wenn es das erste Mal ins Wasser geht, kann es für manche Hunde wichtig sein, ihre Besitzer in der Nähe zu wissen oder ihre Stimme zu hören, um sich sicher zu fühlen. Oder weil sich dem Hundehalter somit besser Veränderungen oder Fortschritte an seinem Tier zeigen lassen und ihm gleichzeitig gezeigt werden kann, wie er beispielsweise im Sommer an einem See selbst mit seinem Hund üben sollte.

Die *Sonne* bietet sich bestens zum Einschwimmen an. Hierbei werden noch einmal alle Muskeln aufgewärmt. Der Therapeut kann die *Sonne* auch wunderbar als Zwischenübung nutzen, vergleichbar mit den oberflächlichen Streichungen bei physiotherapeutischen Massagen. Im Laufe der Zeit versteht der Hund, dass nach der *Sonne* eine andere Übung durchgeführt wird. Dies erhöht die Konzentration und in vielen Fällen auch die Vorfreude. Die *Sonne* wird sowohl im als auch gegen den Uhrzeigersinn ausgeführt. Da der Hund nur den Beckenrand des Pools sieht und nicht darüber hinaus, wird die *Sonne* zur Eingewöhnung nur in der Richtung durchgeführt, in der er problemlos zum Ausstieg schwimmen könnte, um notfalls sofort das Becken zu verlassen. Mit dieser Möglichkeit vor Augen, dem Wasser jederzeit entkommen zu können, lernen Hunde es in der Regel sehr schnell, sich beim Schwimmen zu entspannen, anstatt panisch ums Überleben zu paddeln. Zudem stärkt es das Vertrauen zwischen Hund und Therapeuten.

Diese Übung verschafft dem Therapeuten einen groben Überblick über das Schwimmverhalten des Hundes in Bezug auf die gesamte Muskulatur, die Stabilität, die Kondition und über den physiologischen Ablauf der Schwimmbewegungen.

Der Mond

Der *Mond* wird in einem halb so großen Kreis wie die *Sonne* durchgeführt und zwar sowohl im wie auch gegen den Uhrzeigersinn. Durch den engeren Kreis fängt der Hund an, die Hintergliedmaße auf der Seite, die dem Therapeuten zugewandt ist, als Steuerelement zu nutzen. Die Vordergliedmaßen und die dem Therapeuten abgewandte Hintergliedmaße werden dadurch quasi als Schubkraft verwendet.

Für den Therapeuten ist das Ziel dieser Übung zum einen, noch einmal die Stabilität des Hundes im

Bei der Übung Mond muss der Hund nah um den Therapeuten kreisen.

Wasser zu überprüfen, und zum anderen, die Tiefenmuskulatur auf der Steuerseite zu trainieren. Auf der Schub gebenden Seite werden sowohl die oberflächlichen als auch die tiefliegenden Muskeln trainiert. Dies gilt sowohl für die Hinterhand wie auch die Vorderhand. Gleichzeitig wird der Hundekörper in eine sanfte Biegung gebracht, was die Rückenmuskulatur auf der dem Therapeuten abgewandten Seite in leichte Dehnung bringt. Das erhöht die Beweglichkeit des Hundes.

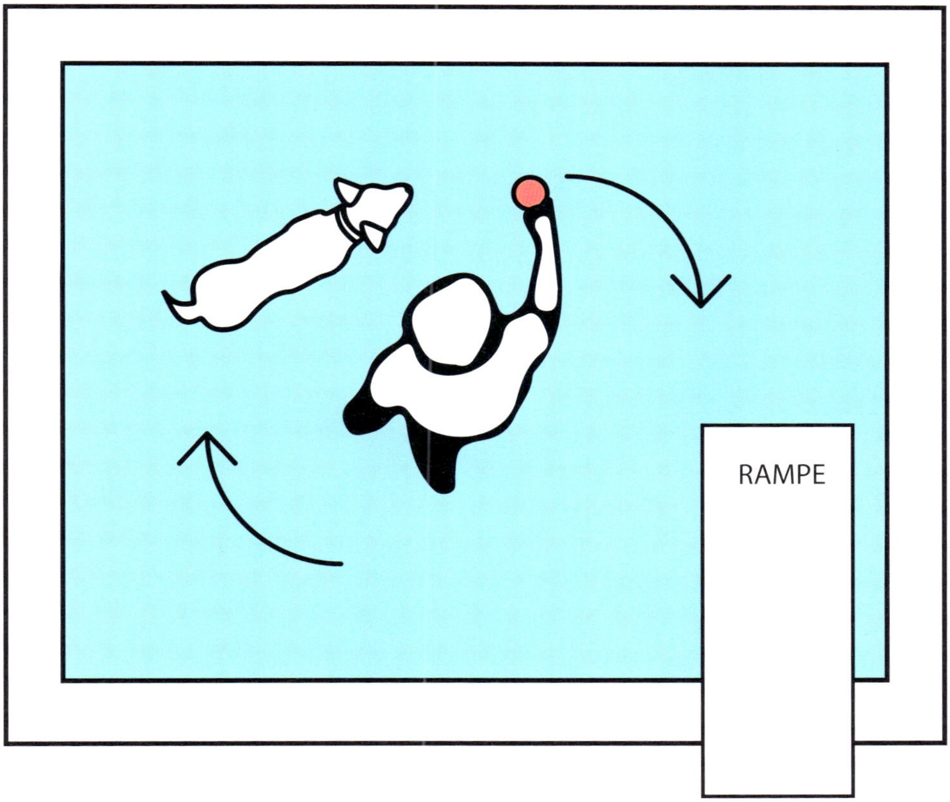

Übung Mond: Ähnlich wie bei der Sonne kreist der Hund um den Therapeuten sowohl im wie auch entgegen dem Uhrzeigersinn, allerdings sind hierbei die Kreise kleiner.

Mit den Übungen "Sonne" und "Mond" werden folgende Muskeln trainiert:		
Vorderhand:	**Hinterhand:**	**Rückenmuskulatur:**
M.omotransversarius	M.semitendinosus	M.iliocostalis
M.rhomboideus	M.semimembranosus	M.longissimus
M.latissimus dorsi	M.abductor cruris caudalis	M.spinalis
M.serratus ventralis	M.adductor magnus	Mm.multifidi
M.pectoralis profundus	M.gracilis	Mm.intertransversari
M.pectoralis superficialis	M.adductor brevis	Mm.interspinales
M.biceps brachii	M.pectineus	
M. brachialis	M.sartorius	
M.deltoideus	M.quadriceps femoris	
M.triceps brachii	M.popliteus	
M.anconeus		

Der Satellit

Der *Satellit* beschreibt den engstmöglichen Kreis des Hundes um den Therapeuten, quasi wie ein *Satellit,* der die Erde umkreist – wobei der Hund dabei der *Satellit* ist und der Therapeut die Erde. Durch die Schnelligkeit dieser Übung sollte der Therapeut möglichst schwindelfrei sein, um keinen Drehschwindel zu bekommen. Von der Wirkungsweise her ist der *Satellit* ähnlich dem *Mond,* nur sehr viel anstrengender in der Durchführung. Deswegen ist diese Übung abhängig von der Konstitution des Hundes anzuwenden – und auch nur in sehr kurzen Sequenzen. Damit ein Verletzungsrisiko durch Hundekrallen minimiert wird, sollte der Therapeut diese Übung sehr koordiniert ausüben.

Hunde mit Spondylose im Übergang Halswirbelsäule (HWS) / Brustwirbelsäule (BWS) und BWS / Lendenwirbelsäule (LWS) können die starke Biegung des Körpers, die für diese engen Kurven nötig ist, nur schwer oder gar nicht mehr ausführen. Das ist abhängig vom Stadium der Erkrankung. Für diese Hunde macht man die Kurven etwas größer, aber nicht ganz so groß wie bei der Übung *Mond* oder *Sonne.*

Auch Hunde mit der so genannten Dackellähme oder die auf Grund anderer Erkrankungen Koordinationsschwierigkeiten mit Hüfte und Hintergliedmaße haben, können diese Übung in der Regel nicht korrekt bewältigen. Denn gerade bei Hunden mit Bandscheibenvorfällen verhält sich die Hüfte wie eine Boje, die unkontrolliert hin und her schwimmt. Der Therapeut sollte in diesem Fall einen kleinen, sanften Impuls entweder am Ohr des Hundes oder an der Hüfte auf Höhe des mittlere Gesäßmuskel (M. gluteus medius) setzen. Dies erreicht er am besten mit einem Finger seiner Hand. Die Veränderung ist sofort sichtbar, der Hund setzt nun seine Hüfte kontrollierter ein.

Hunde, die aufgrund einer Kreuzbandruptur oder einer Patellaluxation ihre Hintergliedmaße während des Schwimmens in Flexion halten, werden bei dieser Übung quasi genötigt, die Beine physiologisch korrekt zu benutzen, da es ihnen ansonsten unmöglich ist, die Balance zu halten.

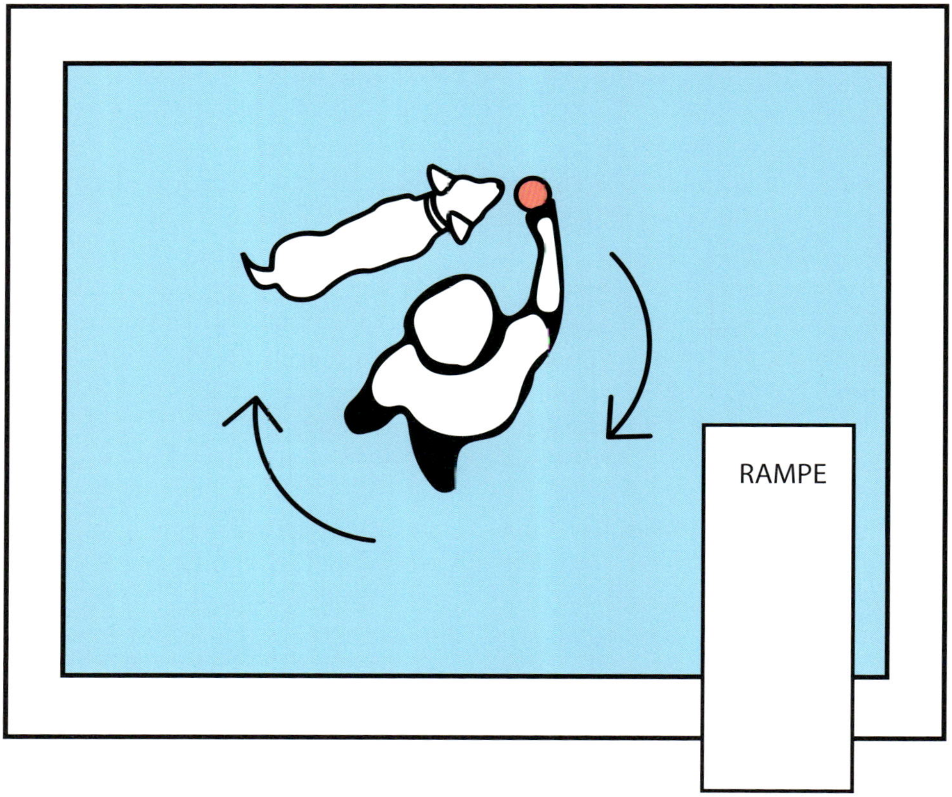

Übung Satellit: Der Hund beschreibt einen möglichst engen Kreis um den Therapeuten.

Mit der Übung „Satellit“ werden folgende Muskeln trainiert:			
Vorderhand:	**Hinterhand:**	**Rücken-muskulatur:**	**Hüft- und Bauch-muskulatur**
M.trapezius	M.biceps femoris	M.iliocostalis	M.tensor fasciae latae
M.omotrans-versarius	M.semitendinosus	M.longissimus	M.glutaeus (superficiales, mediales, profundus)
M.rhomboideus	M.semimem-branosus	M.spinalis	M.piriformis
M.latissimus dorsi	M.abductor cruris caudalis	Mm.multifidi	Mm.gemelli
M.serratus ventralis	M.adductor magnus	Mm.inter-transversari	M.obturatorius internus
M.pectoralis profundus	M.gracilis	Mm.interspinales	M.obturatorius externus
M.pectoralis superficialis	M.adductor brevis		M.quadratus femoris
M.biceps brachii	M.pectineus		
M. brachialis	M.sartorius		
M.deltoideus	M.quadriceps femoris		
M.triceps brachii	M.popliteus		
M.anconeus			

Der Pfeil

Die Übung *Pfeil* besteht darin, dass der Hund eine einfache Strecke geradeaus schwimmt. Die Wende an den Beckenrändern sollte dabei sehr sanft sein. Diese Übung fördert die Koordination der Gesamtbewegung sowie den Aufbau sämtlicher Muskeln. Steht der Therapeut hinter dem Hund und hält ihn an der Schwimmweste fest, ist die Bewegungsabfolge der Hinterhand sehr gut zu sehen und zu interpretieren.

Werden beide Hintergliedmaße zwar gleichmäßig, aber in einem vom Hund selbst bestimmten Rhythmus benutzt, oder wird die Bewegung mit einer Hintergliedmaße kürzer oder gar nicht ausgeführt, so muss der Therapeut den Hund dazu animieren, beide Gliedmaße gleichwertig und physiologisch korrekt zu benutzen. Das erreicht er, indem er in einem kleinen Abstand zum Hinterlauf seine Hand mit der Innenfläche ins Wasser hält. Der Hund spürt diesen Widerstand und versucht nun, ihm durch korrekten Einsatz der Beine zu entkommen. Wie nah die Hand des Therapeuten unter Wasser dabei an den Hinterlauf kommen soll, um diesen Effekt zu bewirken, muss ausprobiert werden, da Hunde unterschiedlich darauf reagieren. Auf gar keinen Fall darf die Hand des Therapeuten allerdings die Gliedmaße des Hundes dabei berühren.

Durch das Halten an der Weste schwimmt der Hund außerdem gegen einen Widerstand, ähnlich dem einer Gegenstromanlage. Hunde, die eine schwache tiefe Rückenmuskulatur sowie eine kraftlose Hüftmuskulatur

Durch das Festhalten des Therapeuten an der Schwimmweste wird zusätzlich ein Widerstand erzeugt, ähnlich dem einer Gegenstromanlage.

besitzen, werden bei der Übung *Pfeil* mit dem gesamten Hinterteil bis zum Ende der Brustwirbelsäule absinken. In diesem Fall ist es wichtig, Muskeln wie die Zwischendornfortsatzmuskeln (Mm. interspinales), die viel gefiederten Muskeln (Mm. multifidi) sowie den Lenden-Darmbeinmuskel (M. iliopsoas) aufzubauen. Das gelingt hervorragend durch die Übungen *Pfeil*, *Satellit* und *Regentropfen* in Kombination. Dabei darf aber niemals die Konstitution des Hundes außer Acht gelassen werden.

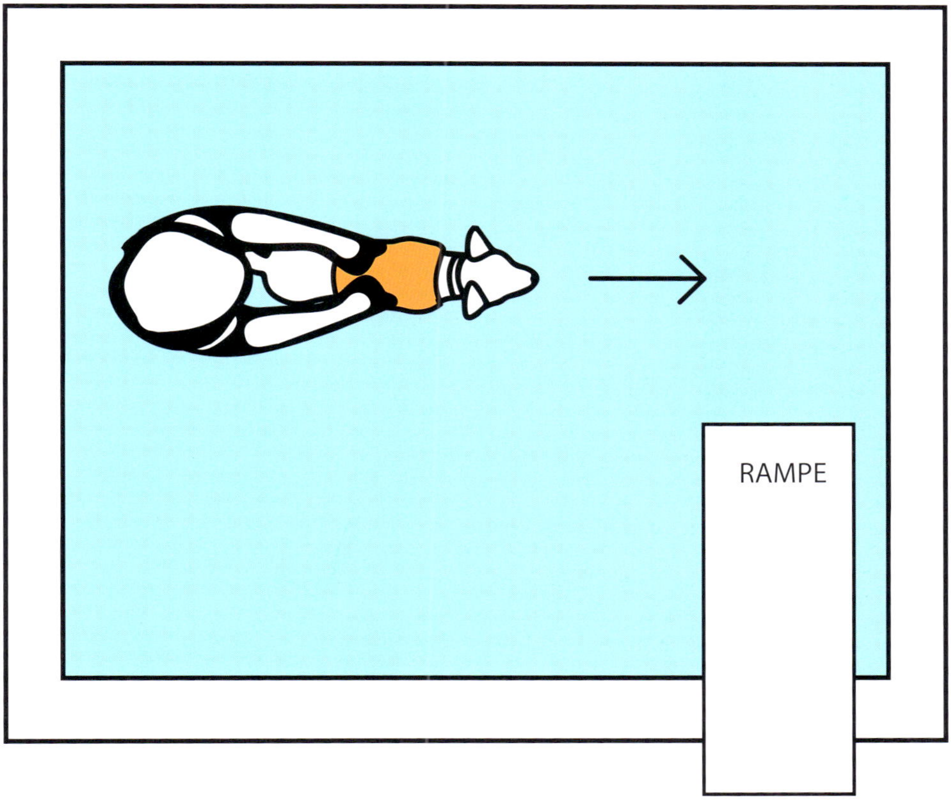

Übung Pfeil: Einfache Strecke geradeaus, die Hände des Therapeuten sind dabei an der Schwimmweste.

Mit der Übung „Pfeil“ werden folgende Muskeln trainiert:	
Rückenmuskulatur:	**Hüft- und Bauchmuskulatur**
M.iliocostalis	M.tensor fasciae latae
M.longissimus	M.glutaeus (superficiales, mediales, profundus)
M.spinalis	M.piriformis
Mm.multifidi	Mm.gemelli
Mm.intertransversari	M.obturatorius internus
Mm.interspinales	M.obturatorius externus
	M.quadratus femoris

Die Regentropfen

In der Übung *Regentropfen* wird entweder die Hand des Therapeuten oder ein Hundespielzeug als so genanntes Lockobjekt eingesetzt. Wird die Hand des Therapeuten genutzt, so ist dabei allerdings mit Vorsicht vorzugehen, da gerade sehr jagdfreudige Hunde hier schnell ihrem Trieb ungehemmt freien Lauf lassen.

Für diese Übung wartet der Hund auf der Rampe oder den Stufen, bis der Therapeut den größtmöglichen Abstand zwischen sich und den Hund gebracht hat. Dann wird der Hund gerufen und sollte direkt zum Therapeuten schwimmen, voll konzentriert auf das Lockobjekt. In der Schwimmphase wird es nun mit schnellen Bewegungen an verschiedenen Stellen im Wasser kurz aufgesetzt. Es ist darauf zu achten, dass das Lockobjekt mit lautem Geräusch auf das Wasser aufprallen muss, damit nicht nur ein visueller, sondern auch ein akustischer Reiz gesetzt wird. Der Hund wird den Reizen folgen.

Mit Hilfe dieser Übung wird die Beweglichkeit und Konzentration gefördert. Der Hund wird in eine Art Halteposition gebracht, in der er mit der hinteren BWS, der LWS und den Hüften fast senkrecht im Wasser steht, während die Hintergliedmaße sich in der Schwimmbewegung befinden. Dies fördert die Stabilität und den Aufbau der Hinterhand- und Rückenmuskulatur. Die obere BWS, die HWS sowie der Kopf sind ebenfalls in Bewegung, da der Hund versucht, seinem Trieb zu folgen, um die Hand oder das Lockobjekt zu erwischen.

Bei dieser Übung wird, ähnlich wie beim Menschen, der Fahrrad fährt, der vierköpfige Oberschenkelmuskel (M. quadriceps femoris) trainiert. Ebenso werden die Hüftmuskulatur – wie etwa der mittlere Gesäßmuskel (M. gluteus medius) – und die Wadenmuskulatur – wie etwa der zweiköpfige Wadenmuskel (M. gastrocnemius) – ständig beansprucht.

Bauch- und Rückenmuskulatur wiederum sorgen für die Aufrechterhaltung und die Stabilisierung des Hundekörpers.

Die Übung *Regentropfen* ist nicht nur eine Herausforderung für den Hund, sondern vor allem für den Therapeuten. Durch die Schnelligkeit dieser Übung muss der Therapeut sehr konzentriert und rasch arbeiten, was ein hohes Maß an Koordinationsfähigkeit voraussetzt. Empfehlenswert ist es für den Therapeuten daher, diese Übung zunächst mit einem kleinen Hund zu trainieren, da dieser von Natur aus einen längeren Weg bis zum Therapeuten zurücklegen muss.

Übung Regentropfen: Hier wird die Hand des Therapeuten oder ein Hundespielzeug als Lockobjekt eingesetzt.

Mit der Übung „Regentropfen“ werden folgende Muskeln trainiert:			
Hüft- und Bauch-muskulatur	**Rücken-muskulatur**	**Hinterhand**	**Unterschenkel**
M.tensor fasciae latae	M.iliocostalis	M.biceps femoris	M.gastrocnemius
M.glutaeus (super-ficiales, mediales, profundus)	M.longissimus	M.semitendinosus	
M.piriformis	M.spinalis	M.semi-membranosus	
Mm.gemelli	Mm.multifidi	M.abductor cruris caudalis	
M.obturatorius internus	Mm.inter-transversari	M.adductor magnus	
M.obturatorius externus	Mm.interspinales	M.gracilis	
M.quadratus femoris		M.adductor brevis	
		M.pectineus	
		M.sartorius	
		M.quadriceps femoris	
		M.popliteus	

Das Pendel

Das *Pendel* beschreibt, wie der Name schon vermuten lässt, eine Hin- und Herbewegung. Der Hund wird dazu animiert, eine kurze Strecke geradeaus zu schwimmen, um dann mit einer sehr engen Kurve die Richtung zu wechseln. Im Grunde genommen werden hier die beiden Übungen *Pfeil* und *Satellit* miteinander verknüpft. Der Therapeut muss bei dieser Übung darauf achten, dass er genug Platz zwischen sich und dem Hund schafft, um Verletzungen bei sich zu vermeiden. Dies erreicht er durch einen kurzen sanften Druck an das ihm zugewandte Schulterblatt vom Hund, bevor dieser wendet. Als Hilfsmittel kann hier ein Spielzeug dienen.

Das *Pendel* ist die anstrengendste Übung und sollte mit Bedacht ausgeführt werden, weshalb der Einsatz einer Gegenstromanlage genau hinterfragt werden muss. Sie fördert die Kondition, die Beweglichkeit, die Konzentration und kräftigt dazu noch sämtliche Muskeln. Der Therapeut kann diese Übung zusätzlich variieren, in dem er die Kurve am Ende der Strecke größer zieht, so dass eine

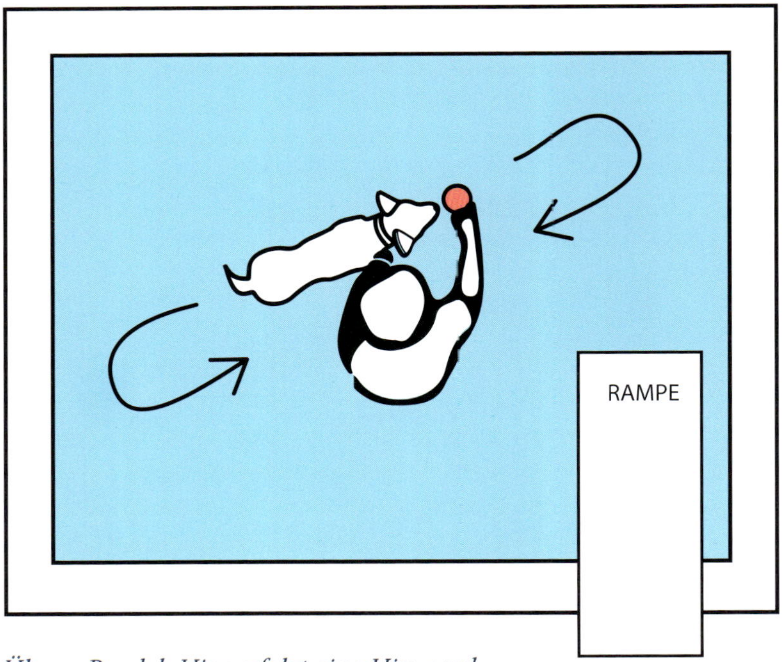

Übung Pendel: Hier erfolgt eine Hin- und Herbewegung vor dem Therapeuten.

liegende Acht beschrieben wird. Dieses nimmt erheblichen Druck aus der Übung und ist daher besser geeignet für ältere Hunde oder für Hunde, die über keine gute Kondition verfügen.

Mit der Übung „Pendel" werden folgende Muskeln trainiert:				
Vorderhand	**Hinterhand**	**Rücken-muskulatur**	**Hüft- und Bauch-muskulatur**	**Unter-schenkel**
M.trapezius	M.biceps femoris	M.iliocostalis	M.tensor fasciae latae	M. gastrocnemius
M.omotransversarius	M.semitendinosus	M.longissimus	M.glutaeus (superficiales, mediales, profundus)	
M.rhomboideus	M.semimembranosus	M.spinalis	M.piriformis	
M.latissimus dorsi	M.abductor cruris caudalis	Mm.multifidi	Mm.gemelli	
M.serratus ventralis	M.adductor magnus	Mm.intertransversari	M.obturatorius internus	
M.pectoralis profundus	M.gracilis	Mm.interspinales	M.obturatorius externus	
M.pectoralis superficialis	M.adductor brevis		M.quadratus femoris	
M.biceps brachii	M.pectineus			
M. brachialis	M.sartorius			
M.deltoideus	M.quadriceps femoris			
M.triceps brachii	M.popliteus			
M.anconeus				

Der Delfin

Der *Delfin* ist eine Zwischenübung, die dazu dient, den Hund wieder für die eigentlichen Übungen zu motivieren. Merkt der Therapeut, dass die Konzentration oder das körperliche Vermögen des Hundes abnimmt, sollte er ihn kurzzeitig ablenken. In den meisten Fällen lässt sich der Hund nach einer kurzen Sequenz *Delfin* dazu animieren, doch noch ein paar weitere Runden zu schwimmen.

Die Übung Delfin ist eine Art Zwischenübung, die dazu dient, den Hund wieder für die eigentlichen Übungen zu motivieren.

Um diese Übung ausführen zu können, muss der Therapeut bereits im Vorfeld herausgefunden haben, wie sich sein vierbeiniger Patient am besten ablenken lässt. Manchmal gelingt dies mit einem Spielzeug aus Plastik, das der Hund aus dem Wasser apportieren soll. Oder mit Leckerlis, die er sich quasi durch einen Sprung ins Wasser verdienen muss. Möglicherweise kann aber auch ein Wettschwimmen mit dem Therapeuten dazu führen, den Hund aufs Neue zu motivieren.

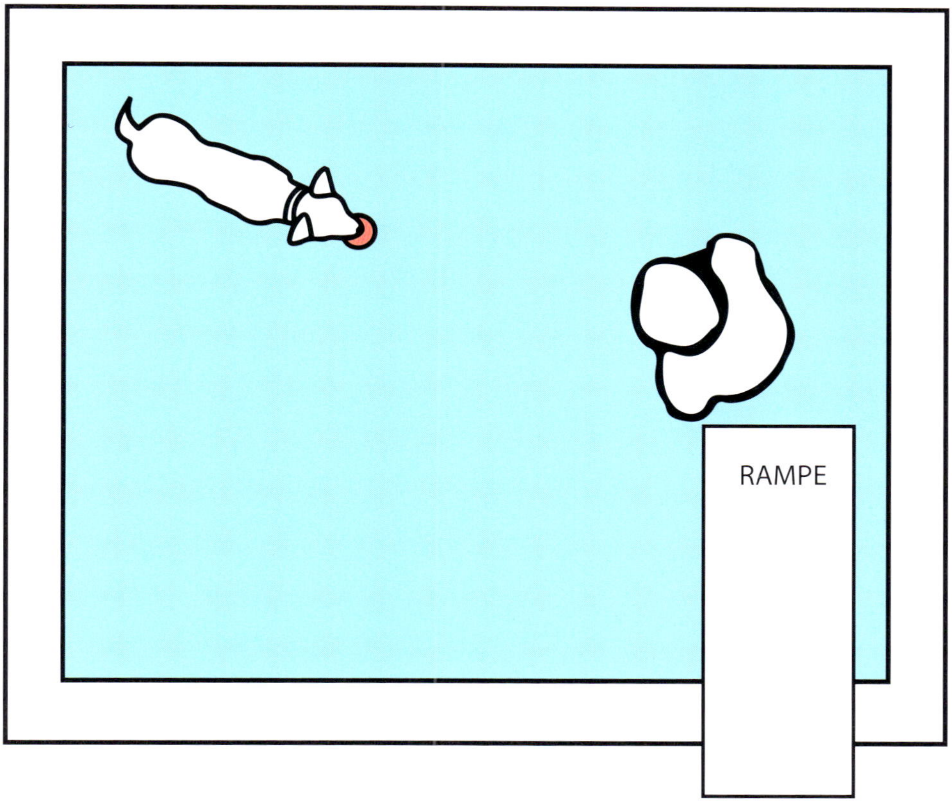

Übung Delfin: Diese dient als Zwischenübung zur Motivation.

8. Indikationen

Beinahe jeder Hund ist für therapeutische Schwimmen geeignet. Es gibt weitaus mehr Indikationen als Gründe, die gegen das Schwimmen sprechen. Und für all das, was eine Schwimmtherapie letztlich bei Vierbeinern bewirkt, sollte man es Hunden zumindest von Zeit zu Zeit gönnen – auch, wenn sie gesund und beschwerdefrei sind. Denn haben sie sich einmal an die Begebenheiten des Wasser gewöhnt, genießen eigentlich alle die schwerelose Mobilisation sehr. Gerade für von Schmerzen geplagte Hunde ist es eine extreme Erleichterung, sie spüren ihren Körper wieder, können sich wieder – bestenfalls schmerzfrei – bewegen, gewinnen an Selbstsicherheit und erfahren an Land oftmals ein wiedererlangtes „altes" Lebensgefühl, was wiederum die Lebensqualität steigert.

Eine Schwimmtherapie kann gezielt bei allen Veränderungen im Gangbild angewendet werden, wie etwa Lahmheit an Extremitäten, Gangasymmetrien, Steifigkeit, Ataxien, Bewegungsvermeidung, durch Muskelatrophien entstandene Schwäche oder einfach bei einer verringerten Bewegungs-, Spiel- und Lebensfreude. Für welche Krankheitsbilder sich das therapeutische Schwimmen im einzelnen besonders gut eignet, wird in einem gesonderten Kapitel besprochen (Kapitel 10).

Sport-, Dienst- und Arbeitshunde sollten regelmäßig prophylaktisch schwimmen, denn ihre Wirbelsäulen werden besonders stark belastet. Bei ihnen kann es schnell zu Fehlstellungen kommen, die unter Umständen weitere Folgeschäden auslösen können – wie beispielsweise Bandscheibenvorfälle.

Die Ursachen von Verhalten wie Unsicherheit, Unruhe, Nervosität oder Aggression – besonders gegen Artgenossen oder Berührungen – können Schmerzen sein. Auch hier kann versucht werden, mit therapeutischem Schwimmen dagegen vorzugehen, um zunächst den Schmerz zu stoppen und in Folge das Verhalten.

Weil sich Schwimmen auch als Mobilisierungsmaßnahme eignet, ist es insbesondere für Hundesenioren großer Rassen ein probates Mittel, deren Bewegungsabläufe schmerzfrei zu festigen und das eigene Körpergefühl zu verbessern.

Einsatzgebiete für Schwimmtherapie

- bei Schmerzen, Schwellungen und Steifheit
- zur Muskelstärkung und zum Muskelaufbau
- zur Verbesserung der Beweglichkeit von Gelenken
- zur Verbesserung der Blut- und Lymphzirkulation
- zur Verbesserung der Kondition (Herz und Lunge)
- zur Gewebeheilung
- zur schnelleren Rehabilitation
- zur Verbesserung der Gangart
- zur Verbesserung der Körperwahrnehmung
- vor und nach operativen Eingriffen
- gegen Fettleibigkeit

9. Allgemeine Kontraindikationen

Eine Kontraindikation liegt vor, wenn bestimmte Faktoren gegen eine besondere therapeutische Maßnahme sprechen. Daher ist es bei jeder Therapie wichtig, Gegenanzeigen zu erkennen und dann eventuell Anwendungsmöglichkeiten abzuwägen. Auch beim therapeutischen Schwimmen existieren Krankheitsbilder (siehe Kapitel 10) oder Begleitumstände, bei denen eine Behandlung im Wasser überhaupt nicht vorgenommen werden darf oder entsprechend umgewandelt werden muss.

Besonderes Augenmerk sollte beim therapeutischen Schwimmen den Welpen und Junghunden gelten. Da sich bei ihnen die Knochen noch nicht verfestigt haben, ist darauf zu achten, dass sie beim Schwimmen nicht zu viel Muskelmasse zulegen, um an Land die Knochen und Gelenke nicht zu überlasten.

Während des Schwimmens kommt es zwangsläufig auch zu einer Hyperextension der Halswirbelsäule. Für Hunde, die HWS-Probleme aufweisen, kann es ohne therapeutische Unterstützung zu verstärkten Schmerzen oder gar neurologischen Ausfällen kommen. Hier gilt es abzuwägen, ob vielleicht ein Laufen im Wasser für dieses Problem vernünftiger wäre.

Zudem ist auch Vorsicht geboten bei Hunden mit Ellenbogenbeschwerden. Denn während des Schwimmens werden gerade die Ellenbogengelenke stärker belastet als beim normalen Laufen. Das könnte eventuell zu einer Verschlechterung der Beschwerden führen.

Eine Schwimmtherapie sollte nicht erfolgen bei

- Inkontinenz
- nicht verheilten Operationswunden
- Drainagen
- Hautinfektionen
- Lungenerkrankungen
- Tumoren
- Fieber
- Infektionskrankheiten
- Durchfall
- offenen Wunden
- Erbrechen
- starken Entzündungen
- fortgeschrittenen Herzkrankheiten
- diagnostiziertem Belastungsverbot (hier ist natürlich der Grund für das Verbot zu berücksichtigen)
- frischen Wirbel- und Knochenbrüchen

10. Gezielter Einsatz bei diversen Krankheitsbildern

Grundsätzliches

Weshalb auch immer ein Hund in der Physiotherapie-Praxis vorgestellt wird: Der Therapeut sollte in jedem Fall zusammen mit dem Hundebesitzer ein kurzfristiges, ein mittelfristiges und ein langfristiges Ziel festlegen. Denn nur so lassen sich auch kleinste Fortschritte analysieren und erkennen.

Im Folgenden finden sich die häufigsten Erkrankungen der Hundepatienten, für deren Behandlung die Hydrotherapie und insbesondere das therapeutische Schwimmen äußerst Erfolg versprechend sind.

Als Laufraubtier ist der Körperbau des Hundes auf die Vorwärtsbewegung ausgerichtet. Die Bewegung selbst vollzieht sich vom Kopf über Hals, Vorder- und Hintergliedmaßen bis zum Schwanz. Brust- und Lendenwirbelsäule sowie das Becken stellen dabei eine Art tragenden Brückenbogen dar. Die vorderen Extremitäten müssen in der Bewegung, besonders extrem im Galopp, das Gewicht der hinteren abfedern, während die hinteren Extremitäten die Schubkraft liefern. Folglich kann man den Hund gewissermaßen als Heckantriebler bezeichnen.

Genau aus diesem Grund kommen oftmals Hunde in die Praxis, die sowohl eine primäre als auch eine sekundäre Erkrankung haben. Beides muss physiotherapeutisch behandelt werden. Hat der Hund etwa einen Kreuzbandriss am linken Knie, wird er aufgrund von Schmerzen die rechte Vorderhand mehr belasten, um das linke Hinterbein zu schonen. Das rechte Vorderbein wird überbelastet. Durch diese verschobene Gewichtsverteilung kann

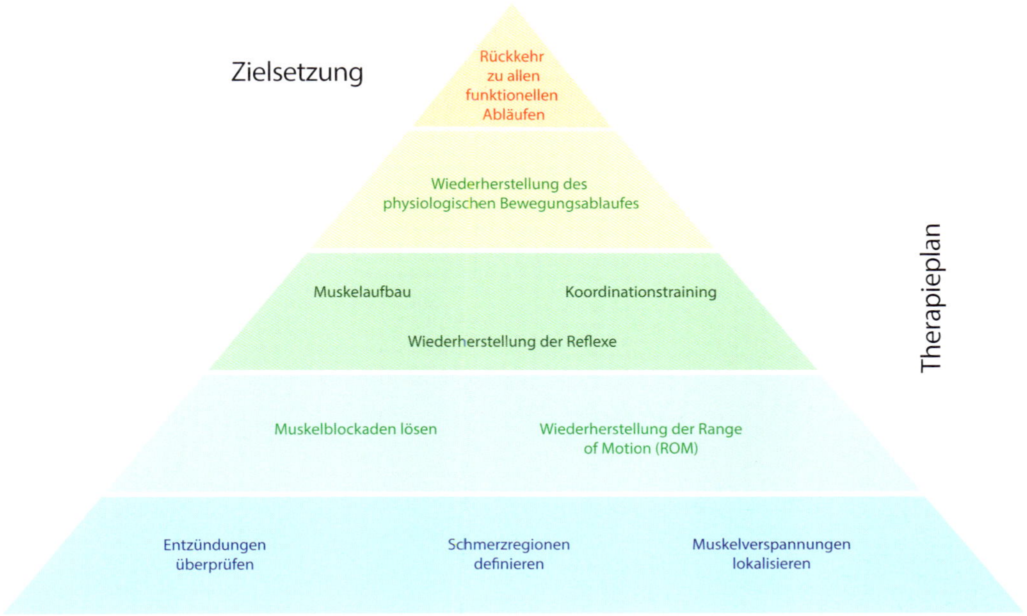

Rehabilitationspyramide nach Sabine Baumgartner, 2017

unter Umständen Arthrose im Buggelenk oder im Ellenbogengelenk entstehen oder es kann zu starken Verspannungen an der Rückenmuskulatur kommen. Ein kurzfristiges Ziel wäre daher sowohl beim therapeutischen Schwimmen als auch bei allen anderen physiotherapeutischen Maßnahmen die Entlastung aller überbelasteten Strukturen.

Um die geeigneten Übungen für die entsprechende Erkrankung zu bestimmen, muss der Therapeut sich ein Bild über das Erkrankungsstadium des Hundes machen. Hierfür dient ihm die Anamnese.

In der Physiotherapie spricht man von zwei Erkrankungsstadien: der geringgradigen und der hochgradigen.

geringgradig	Hund befindet sich im „Vorbeugestadium".
	Der Therapeut hat mehr Wahlmöglichkeiten in den verschiedenen Therapieformen.
	Reversibilität, also die Möglichkeit, dass sich Symptome zurückbilden oder zurückgebildet werden können, ist oft möglich.
hochgradig	Hund befindet sich im „Erhaltungsstadium".
	Eingeschränkte Wahlmöglichkeiten in der Therapie.
	Es wird versucht, das Fortschreiten der Erkrankung aufzuhalten.

Hüftgelenkdysplasie

Die Hüftgelenkdysplasie (HD) ist eine der bekanntesten Erkrankungen beim Hund. Sie ist multifaktoriell bedingt, das bedeutet, die Entstehung der Erkrankung kann durch genetische Komponenten, eine Überbelastung des Bewegungsapparates oder eine fehlerhafte Ernährung begünstigt werden. Bei einer Hüftgelenkdysplasie hat sich das Hüftgelenk nicht normal entwickelt, die zugehörigen Knochen, der Femurkopf (Oberschenkelkopf) und das Acetabulum (Hüftpfanne), sind verformt und passen nicht zueinander. Es entsteht eine Instabilität, da der Femurkopf immer wieder aus der Pfanne rutscht, um dann wieder zurückzugleiten. Hier spricht man auch von einer Subluxation. Das ständige Aneinanderreiben der beteiligten Knochen im Gelenk verursacht schlussendlich Arthrose.

Betroffene Hunde weisen einen instabilen Gang auf und haben Schwierigkeiten beim Aufstehen und Hinlegen. Durch die Verminderung der Hüftbewegung, schwingt der Hund verstärkt sein Becken, um die Hüfte zu schonen. Bei einem schnelleren Gang neigt er zum Hüpfen. Auch eine Berührungsempfindlichkeit an den Gelenken ist häufig zu beobachten. Bei Spaziergängen legt der Hund oftmals eine Bewegungsunlust an den Tag. Er bleibt zwischendurch immer wieder stehen und setzt oder legt sich häufiger hin. Die Folge von weniger Bewegung ist, dass die Muskulatur des Beckens und des Oberschenkels atrophieren. Weitere Symptome können Knirschen und Knacken der Gelenke sein.

Bei einer beidseitigen Hüftgelenkdysplasie des Hundes sollte therapeutisches Schwimmen das Mittel der Wahl sein, um überbelastete Strukturen zu entlasten.

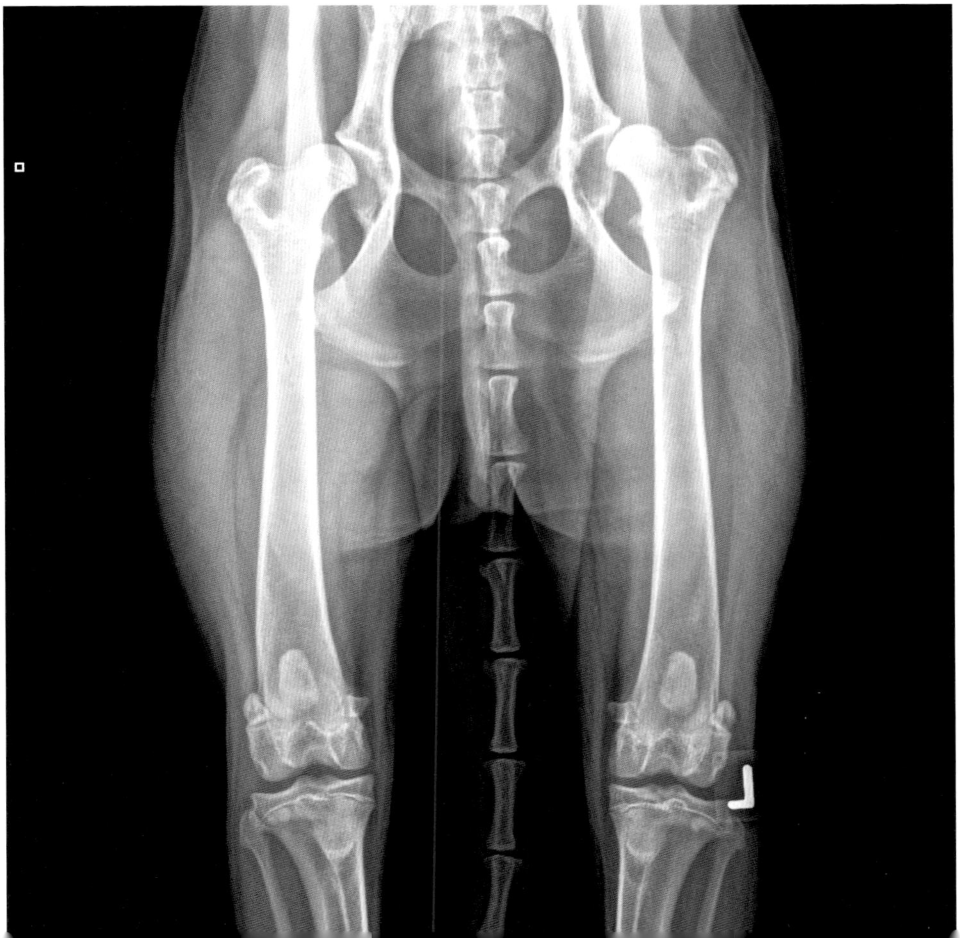

Wann sich die ersten Anzeichen bei einer Hüftgelenkdysplasie zeigen, lässt sich nicht genau festlegen. Oft werden die ersten Symptome schon in sehr jungen Jahren sichtbar. Aufschluss darüber, ob eine Hüftgelenkdysplasie existiert oder nicht, kann heutzutage ein Röntgenbild liefern. Allerdings muss der Hund dafür in der Regel leicht sediert werden.

Das Ziel der Hydrotherapie bei einer Hüftgelenkdysplasie ist es, die überbelasteten Strukturen zu entlasten, ein mindestens nahezu physiologisches Gangbild zu erreichen und den Arthrosebildungsprozess zu verlangsamen.
Therapeutische Schwimmübungen, die zum Einsatz kommen: Die *Sonne*, der *Mond*, der *Satellit*, das *Pendel*, der *Pfeil*, die *Regentropfen*, der *Delfin*.

HD-Aufteilung in Grade	
A / HD-frei	In jeder Hinsicht unauffällige Gelenke, Norberg-Winkel 105° oder mehr. Manchmal noch A1, wenn der Pfannenrand den Oberschenkelknochen noch weiter umgreift.
B / HD-Verdacht	Schenkelkopf oder Pfannendach sind leicht ungleichmäßig und der Norberg-Winkel beträgt 105° (oder mehr), oder der Norberg-Winkel ist kleiner als 105°, aber gleichförmiger Schenkelkopf und Pfannendach.
C / Leichte HD	Oberschenkelkopf und Gelenkpfanne sind ungleichmäßig, Norberg-Winkel ist 100° oder kleiner. Eventuell leichte arthrotische Veränderungen.
D / Mittlere HD	Oberschenkelkopf und Gelenkpfanne sind deutlich ungleichmäßig mit Teilverrenkungen. Norberg-Winkel ist größer als 90°. Es kommt zu arthrotischen Veränderungen und / oder Veränderungen des Pfannenrandes.
E / Schwere HD	Auffällige Veränderungen an den Hüftgelenken (beispielsweise Teilverrenkungen), Norberg-Winkel ist unter 90°, der Pfannenrand ist deutlich abgeflacht. Es kommt zu verschiedenen, arthrotischen Veränderungen.

Ellenbogendysplasie

Die Ellenbogendysplasie (ED) ist eine Fehlbildung des Ellenbogengelenks. Die Ursachen sind dabei unterschiedlich und lassen sich nicht immer genau klären.

Unter den Oberbegriff Ellenbogendysplasie fallen verschiedene Erscheinungsformen. Die häufigsten sind der Fragmentierte Processus Coronoideus (FCP), der Isolierte Processus Anconaeus (IPA) und die Osteochondrosis dissecans (OCD). Sie haben gemeinsam, dass durch sie die Bestandteile des Ellenbogengelenks nicht mehr zusammenpassen und dadurch auch nicht mehr reibungslos funktionieren können.

Beim Fragmentierten Processus Coronoideus (FCP) handelt es sich um den Abriss des innenliegenden Kronfortsatzes der Elle. Für den Abriss gibt es verschiedene Ursachen, die Folge ist jedoch immer dieselbe: In der Spitze des Processus Coronoideus werden Knorpel und Knochen geschädigt. Häufig kommt es zur Bildung kleiner Knochen-Knorpel-Fragmente. Dann liegt ein Fragmentierter Processus Coronoideus im eigentlichen Sinne vor. Durch diese Fragmente kommt es zu einer Entzündung im Gelenk, was wiederum Schmerzen, Lahmheit und Arthrose verursacht.

Beim FCP sind die Symptome nicht eindeutig. Es gibt Hunde, die damit vollkommen symptomfrei sind. Andere zeigen schon als Junghund eine schwere Lahmheit und starke Arthrose des Gelenks. Meist werden allerdings junge Hunde gegen Ende des Wachstums vorgestellt und haben zu dieser Zeit bereits deutliche Veränderungen – sowohl im Gang als auch im Röntgenbild.

Beim Isolierten Processus Anconeus (IPA) ist ein Knochenfortsatz der Elle im Rahmen des Wachstums nicht angewachsen. Das verzögerte Längenwachstum führt zu einer Überbelastung und einem daraus folgenden An- oder Abriss des Processus Anconeus.

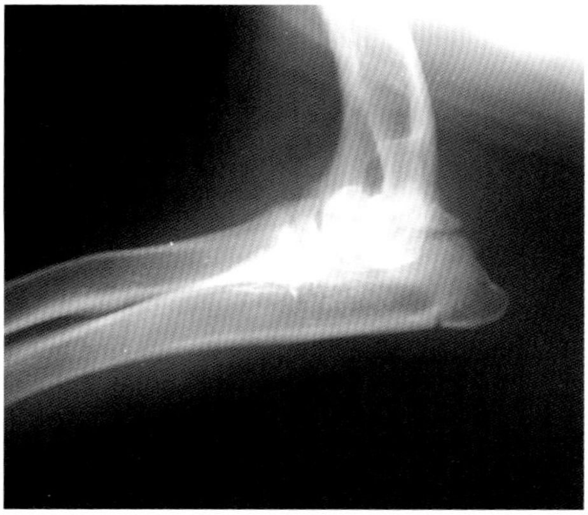

Ein Isolierter Processus Anconaeus (IPA) beim Hund.

Die Osteochondrosis dissecans (OCD) entsteht, wenn es durch eine Entwicklungsstörung nicht schnell genug zur Umwandlung von Knorpel zu Knochen kommt. Es bildet sich eine extrem dicke Knorpelschicht, und die tiefer gelegenen Knorpelschichten werden immer schlechter ernährt und degenerieren. Sterben diese dann letztlich ab, spricht man von einer Osteochondrose. Durch die Ablösung des abgestorbenen Knorpelareals vom darunterliegenden Knochen kann sich bei der gelenkanssässigen Osteochondrose auch ein Knorpelstück lösen und frei im Gelenk schwimmen (so genannte Gelenkmaus). Man spricht dann von einer Osteochondrosis dissecans. In dem betroffenen Areal des Gelenks liegt der Knochen frei. Ein veränderter beziehungsweise auch ein abgelöster Knorpel kann wichtige Aufgaben wie etwa Stoßdämpfung oder Bildung einer Gleitfläche bei der Gelenkbewegung nicht mehr erfüllen. Es kommt neben einer Gelenkentzündung in der Regel auch zu einer schnell voranschreitenden Arthrose bis hin zur Zerstörung des Gelenks.

Alle drei Einzelerkrankungen haben eine Gemeinsamkeit: Sie resultieren aus einer vererbten Entwicklungsstörung. Die genaue Ursache ist aber noch nicht geklärt. Vermutet wird eine enchondrale Ossifikationsstörung oder eine angeborene oder erworbene Skelettfehlbildung auf der Grundlage einer Störung der Knochenbildung in den knorpeligen Epiphysenfugen. Erhöhte Aktivität wie etwa Ball- und Frisbeespiele, Stop and Go, lange Spaziergänge oder Sprünge in den ersten Lebensmonaten gelten als zusätzliche Risikofaktoren.

Gradeinteilung der ED	
Grad 0:	keine Arthrose, normales Gelenk
Grad 1:	weniger als 2 mm hohe Zubildungen am Gelenk (leichte Arthrose)
Grad 2:	2 bis 5 mm hohe Zubildungen am Gelenk (mittlere Arthrose)
Grad 3:	mehr als 5 mm hohe Zubildungen (schwere Arthrose)

Häufig sind von einer Ellenbogendysplasie beide Ellenbogen betroffen, wobei der eine meist vor dem anderen Symptome aufweist. Es kommt zu einer schnellen und oftmals massiven Arthrosebildung. Die meisten Hunde entwickeln zwischen dem vierten und siebten Lebensmonat ein typisch klinisches Bild. Sie führt je nach Erkrankung und Ausprägung zu einer leichten bis schweren Lahmheit, zu Schmerzen bei der Bewegung des Ellenbogens und zur typischen Stellung der Vordergliedmaßen. Aufschluss darüber, ob eine Ellenbogendysplasie vorliegt oder nicht – und falls ja, in welcher Form –, gibt ein Röntgenbild, eine Computertomographie oder eine Arthroskopie.

Das Ziel der Hydrotherapie bei einer Ellenbogendysplasie ist es, die Gelenkbeweglichkeit zu erhalten und den Arthrosebildungsprozess zu verlangsamen, die überbelasteten Strukturen zu entlasten und ein mindestens nahezu physiologisches Gangbild zu erreichen.
Therapeutische Schwimmübungen, die zum Einsatz kommen: Die *Sonne*, der *Mond*, der *Satellit*, der *Pfeil*, der *Delfin*.

Patellaluxation

Unter einer Patellaluxation versteht man die Verlagerung der Kniescheibe (Patella) meist nach medial, sehr selten auch nach lateral. Dabei ist die Kniescheibe nicht mehr in ihrer ursprünglichen Rollfurche (Sulcus trochlearis) im unteren Teil des Oberschenkels (Femur), sondern liegt seitlich außerhalb davon. Die Patellaluxation ist eine Erkrankung, die in den meisten Fällen durch eine leichte Achsenfehlstellung von Femur und Tibia (Schienbein) hervorgerufen wird. Eher selten ist sie traumatisch bedingt, luxiert dann aber ausnahmslos nach medial. Mehrere, in der Regel kleinwüchsige Rassen haben eine genetische Veranlagung. Die Patellaluxation kann einseitig (etwa 75 Prozent) und beidseitig auftreten.

Bei einer Verlagerung der Patella reißt im Folgenden die Gelenkkapsel (Capsula articularis) ein und aufgrund der häufigen Luxationen kommt es zum Abtragen der Knorpelschichten. Die Hunde haben Schmerzen, Arthrose als Spätfolge ist vorprogrammiert. Unbehandelt kann eine Patellaluxation sogar zum Abriss des vorderen Kreuzbandes führen.

Je nach Schweregrad – die Unterteilung erfolgt nach Grad 1 bis 4 (siehe Kasten) – zeigt der Hund ein normales Gangbild oder aber auch eine hochgradige Lahmheit. Bei einer leichten Patellaluxation versucht der Hund im Laufen, die herausgesprungene Patella mit einem Schütteln des betroffenen Beines wieder in die richtige Position zu bekommen. Bei einer schweren Patellaluxation ist es ihm nicht mehr möglich, das Knie durchzustrecken und der Hinterlauf bleibt gebeugt. Je nach diagnostiziertem Grad kann eine Patellaluxation konservativ behandelt werden (Grad 1, manchmal auch noch Grad 2) oder muss operativ behoben werden (Grad 2 – 4).

Das Ziel der Hydrotherapie bei einer Patellaluxation ist es, dem Hund eine normale Bewegungsfreiheit wiederzugeben, seine Schmerzen zu minimieren und Arthrosebildung möglichst weit hinauszuzögern.
Therapeutische Schwimmübungen, die zum Einsatz kommen: Die *Sonne*, der *Mond*, der *Satellit*, das *Pendel*, der *Pfeil*, der *Regentropfen*, der *Delfin*.

Einteilung der Patellaluxation in Schweregrade	
Grad I:	Die Patella lässt sich durch Druck von lateral / medial luxieren, springt anschließend aber wieder spontan zurück. Der Hund bleibt ohne klinische Symptome.
Grad II:	Die Kniescheibe kann vollständig aus ihrer Gleitrinne luxiert werden. Sie luxiert spontan und bleibt luxiert, bis sie zurückverlagert wird beziehungsweise der Hund durch Strecken des Kniegelenks die Patella selbst zurückverlagert.
Grad III	Die Patella bleibt die meiste Zeit verlagert, kann jedoch reponiert werden, luxiert dann aber sofort wieder. Hunde können einen Stellungsfehler der Gliedmaße aufweisen und zeigen eine variierende Lahmheit vom gelegentlichen Hüpfen bis zu einer dauerhaften Stützbeinlahmheit mit Laufen auf drei Beinen.
Grad IV	Die Patella ist permanent verlagert und kann auch nicht reponiert werden. Der Hund läuft mit eingeknicktem Bein, da das Kniegelenk nicht durchzustrecken ist. Manchmal kann das Kniegelenk derart verdreht sein, dass das Bein ständig hochgehalten wird.

Kreuzbandriss

Die Kreuzbänder am Kniegelenk des Hinterbeins des Hundes verbinden den Oberschenkel mit dem Unterschenkel. Ein Kreuzband ist unter anderem für die Stabilisierung des Kniegelenks verantwortlich und verhindert eine Überstreckung des Knies.

Im Unterschied zum Menschen ist das Kreuzband beim Hund wesentlich stabiler und reißt so gut wie nie mit einem Male durch. In der Regel fasert es langsam, aber kontinuierlich durch fortlaufend starke Belastung auf das Kniegelenk aus. Daher sind die meisten Kreuzbandrisse die Folge eines geschwächten, durch Verschleiß oder Degeneration dauerhaft ausgedehnten und überdehnten Bandes. Oftmals tritt in Folge eines Risses auf Grund der Mehrbelastung des anderen Hinterlaufs eine Kreuzbandruptur nach einiger Zeit auch am anderen Knie auf.

Der Riss des vorderen Kreuzbandes im Knie zählt zu den häufigsten Verletzungen bei Hunden, wobei diejenigen, die mehr als 15 Kilogramm wiegen, am meisten davon betroffen sind. Aber auch kastrierte Hündinnen, übergewichtige Hunde und Hunde mit einer steilen Hinterhand gelten als anfällig. Wird von einem Kreuzbandriss gesprochen, ist dabei in den meisten Fällen die Rede vom vorderen Kreuzband. Das hintere Kreuzband reißt relativ selten.

Nach einer Ruptur fangen Hunde an zu lahmen und haben Schmerzen. Sie belasten die betroffene Gliedma-

Eine der häufigsten chronischen Lahmheitsursachen beim Hund ist ein gerissenes vorderes Kreuzband (Abb. rechts). Doch auch hier kann das therapeutische Schwimmen äußerst hilfreich bei der Rehabilitation sein.

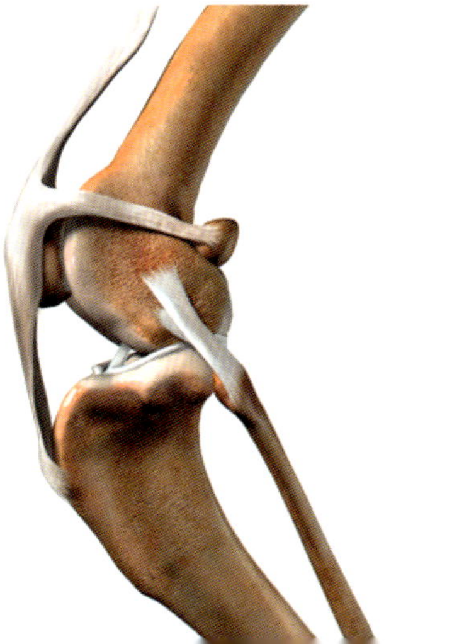

ße nur noch teilweise oder gar nicht mehr. Zudem haben sie viel Mühe, aufzustehen und strecken das Bein in der Sitzposition oft seitlich nach außen.

Leidet der Hund ohne jegliche Behandlung schon über einen längeren Zeitraum an einem Kreuzbandriss, folgt zwangsläufig eine massive Muskelatrophie. Ein Tierarzt kann durch verschiedene Tests herausfinden, ob und wie instabil das betroffene Knie nach einem Kreuzbandriss ist und auch, ob eine Operation nötig ist und welche Operationstechnik im speziellen Fall Sinn machen würde. Weil es durch die Instabilität im betroffenen Kniegelenk schnell zu Arthrose kommt, ist ein chirurgischer Eingriff für die Stabilisierung des Gelenks und somit für eine Verzögerung der Arthrosebildung die erste Wahl. Eine vollständige Verhinderung arthrotischer Veränderung ist allerdings nicht mehr möglich, sobald das Gelenk Schaden genommen hat.

Ziel der Hydrotherapie bei einem Kreuzbandriss ist es, dem Hund die normale Bewegungsfreiheit wiederzugeben, seine Schmerzen zu minimieren, Arthrosebildung möglichst lange hinauszuzögern, die überbelasteten Strukturen zu entlasten und ein wieder nahezu physiologisches Gangbild herzustellen.
Therapeutische Schwimmübungen, die zum Einsatz kommen: Die *Sonne*, der *Mond*, der *Satellit*, das *Pendel*, der *Pfeil*, die *Regentropfen*, der *Delfin*.

Arthrose

Unter Arthrose bezeichnet man eine chronische, degenerative oder krankhafte Veränderung an den Gelenken. Sie verursacht zunehmende Schmerzen, die letztlich verantwortlich sind für Bewegungsunlust, Lahmheiten, Muskelverspannungen und verminderte Gelenkbeweglichkeit. Ist der Prozess erst einmal in Gang gesetzt, hört er von selbst nicht mehr auf, und der Verschleiß wird stetig vorangetrieben, wobei das Knorpelgewebe im Gelenk zerstört wird. Arthrosen können in allen Gelenken entstehen.

Beschädigungen des Knorpels können unter anderem durch die Überbelastung eines Gelenks oder mehrerer Gelenke, Entzündungen, Verletzungen oder einen langfristigen Mangel an essenziellen Aminosäuren entstehen. Neben mangelnder Bewegung und somit schlechter Ernährung des Knorpels spielen auch Übergewicht und genetische Faktoren eine Rolle.

Arthrose lässt sich in vier Schweregrade einteilen	
Grad I	Leichte Auffaserung an der Knorpeloberfläche ohne Schmerz und Funktionsverlust, Knorpel hat an Elastizität und Regenerationsfähigkeit verloren.
Grad II	Beginnende subchondrale Strukturveränderungen, meist mit leichter Anlauflahmheit, später zusätzlich mit Ermüdungs- oder Belastungsschmerz.
Grad III	Tiefe, subchondrale bis zum Knochen reichende Knorpeldefekte mit starker Auffaserung, Bildung von knöchernen Zubildungen (Osteophyten) an den Gelenkrändern, deutlicherer Schmerz mit starker Lahmheit.
Grad IV	Die Knorpelschicht ist in Teilen des Gelenkes oder in Gänze aufgelöst, das Gelenk steift zunehmend ein durch die Osteophytenbildung, nun auch Ruhe-, Nacht- oder Dauerschmerz, wiederkehrende Entzündungen, Schwellungen und Gelenkergüsse sind möglich.

Gerade bei erwachsenen Hunden verursacht Arthrose verstärkt in den Morgenstunden nach dem Aufstehen Schmerzen. Dies äußert sich durch ein temporäres Entlasten des betroffenen Beins. Erst nach einer gewissen Einlaufzeit werden die Beschwerden weniger.

Arthrosen sind unheilbar. Durch die richtige Behandlung und Unterstützung kann der Prozess aber verlangsamt werden. Deswegen ist ein frühzeitiges Gegensteuern mittels Nahrungsergänzungen, Physiotherapie und angepasster Bewegung extrem wichtig.

Ziel der Hydrotherapie bei Arthrosen ist es, die Arthrosebildung zu verlangsamen, die überbelasteten Strukturen zu entlasten, das Gangbild zu verbessern und die Lebensfreude wieder zu wecken.
Therapeutische Schwimmübungen, die zum Einsatz kommen: Die *Sonne*, der *Mond*, der *Satellit*, das *Pendel*, der *Pfeil*, der *Delfin*.

Spondylose

Die Spondylose (Spondylosis deformans) ist eine krankhafte und schmerzhafte Veränderung (Verkalkung) der Wirbelsäule des Hundes. Sie ist eine degenerative Erkrankung und zeigt Ähnlichkeiten mit dem Krankheitsbild Morbus Bechterew beim Menschen: Die Wirbelzwischenräume verknöchern zunehmend, was letztlich zu einer Versteifung der Wirbelsäule führt. Durch die Versteifung ist der Hund in seiner Beweglichkeit eingeschränkt, manchmal weniger, manchmal sehr stark.

Bei einer Spondylose entstehen zwischen den Wirbeln knöcherne Zubildungen. Diese knöchernen Strukturen werden Spondylophyten genannt. Sie können so lang werden, dass sie von einem Wirbel zum nächsten reichen, arbeiten sich durch Gewebe wie etwa Muskulatur und Bänder und können in einem fortgeschrittenen Stadium auf die Nervenleitbahnen innerhalb der Wirbelkörper drücken. Dadurch können Lähmungen, Inkontinenz oder sogar eine verminderte Sehfähigkeit auftreten.

Spondylosen sind krankhafte Veränderungen (Verkalkungen) an der Wirbelsäule. Es kommt zu knöchernen Zubildungen der Wirbelzwischenräume, was zu einer Versteifung der Wirbelsäule führt.

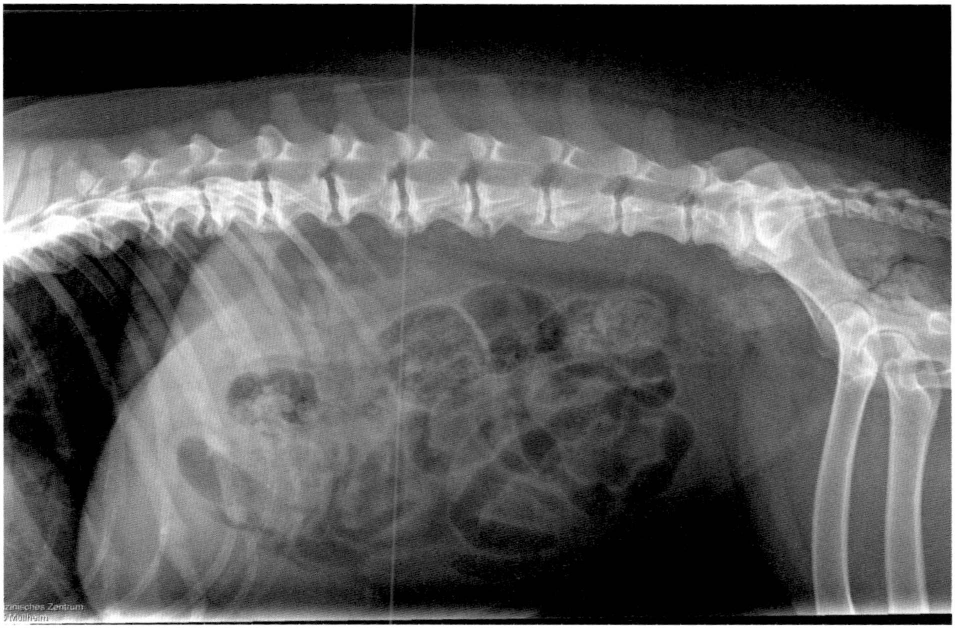

Die Spondylose ist ein schleichender Prozess, und Hundebesitzer merken die krankhafte Veränderung oftmals erst, wenn der Hund immer steifer wird und manche Bewegungen verweigert – wie etwa den Sprung ins Auto. Ist die Spondylose schon weiter fortgeschritten, kann es zu Lähmungserscheinungen und einer Schwäche der Hinterhand kommen. Spondylose beim Hund ist nicht heilbar, aber man kann die Schmerzen lindern, in der Regel mit schmerzlindernden, entzündungshemmenden Medikamenten und gezielter Physiotherapie.

Wie sich Spondylose bemerkbar macht

- Schmerzen im Rückenbereich
- plötzliche Berührungsempfindlichkeit im Rückenbereich
- Ertasten warmer Stellen an der Wirbelsäule
- Muskelatrophie an den Hinterbeinen
- aufgezogener Rücken (Katzenbuckel)
- Meidung bestimmter Bewegungen (Springen, Treppensteigen, Rennen)
- ungewohnt steife und staksige Gangart
- zeitweises Hinken und Lahmen mit den hinteren Pfoten
- vermehrtes Liegen
- Abgeschlagenheit und Bewegungsunlust des Hundes
- Rüden heben beim Urinieren manchmal das Bein nicht mehr

Das Ziel der Hydrotherapie bei Spondylose ist es, die überbelasteten Strukturen zu entlasten, die Beweglichkeit, die Stabilität und ein nahezu physiologisches Gangbild zu erhalten.
Therapeutische Schwimmübungen, die zum Einsatz kommen: Die *Sonne*, der *Mond*, der *Satellit*, das *Pendel*, der *Pfeil*, die *Regentropfen*, der *Delfin*.

Bandscheibenvorfall

Die Bandscheiben liegen zwischen den einzelnen Wirbelknochen der Wirbelsäule und verbinden die Wirbelkörper miteinander. Dort wirken sie als Stoßdämpfer, federn die Erschütterungen beim Laufen ab und ermöglichen außerdem die Beweglichkeit der Wirbelkörper gegeneinander. Bei Belastung verlagert sich der Druck im Kern der Bandscheibe gleichmäßig nach allen Seiten.

Die Bandscheiben selbst bestehen aus einem Faserring und einem Gallertkern. Sie dienen als Stoßdämpfer zwischen den einzelnen Wirbeln. Gleichzeitig ermöglichen sie auch die Bewegung der einzelnen Wirbelkörper untereinander. Reißt nun der Faserring und treten Teile des Kerns aus, spricht man von einem Bandscheibenvorfall. Dabei gelangen der Kern oder Teile davon in den Wirbelkanal. Dort drücken sie auf das Rückenmark oder auf umgebende Spinalnerven, was zur Folge hat, dass die Funktion der Nerven gestört ist.

Bandscheibenvorfälle können in der gesamten Wirbelsäule vorkommen. Je nachdem, wo sich der Vorfall an der Wirbelsäule befindet und wie schwer er ist, können sich die Symptome drastisch voneinander unterscheiden: staksiger Gang, Lähmungserscheinungen an Vorder- oder Hinterbeinen, Nachschleifen der hinteren Gliedmaßen, verspannter oder aufgekrümmter Rücken, steifer Hals, Koordinationsstörungen, keine Standkontrolle, starke Schmerzen oder extreme Druckempfindlichkeit im betroffenen Gebiet. Wenn das Bandscheibengewebe beispielsweise auf die Nerven drückt, die die Blasen- und After-Schließmuskeln kontrollieren, kann es auch zur Inkontinenz kommen.

Bandscheibenvorfälle entstehen meist als Folge von degenerativen Veränderungen der Bandscheibe, das bedeutet entweder durch Fehlbelastungen, Übergewicht, genetische Veranlagungen oder aufgrund eines natürlichen Alterungsprozesses. Hier sind besonders Hunde mit langem Rückgrat wie Dackel oder Bassets anfällig, aber auch Deutsche Schäferhunde mit ihren abfallenden Lendenwirbeln und der langen Halswirbelsäule.

Eine genaue Lokalisation der geschädigten Bandscheiben ist nur mit Computertomographie oder Magnetresonanztomographie möglich.

Das Ziel der Hydrotherapie bei einem Bandscheibenvorfall ist es, den Rücken zu stabilisieren, die Rückenmuskulatur zu kräftigen, die überbelasteten Strukturen zu entlasten und ein nahezu physiologisches Gangbild zu erreichen. Therapeutische Schwimmübungen, die zum Einsatz kommen: Die *Sonne*, der *Mond*, der *Satellit*, das *Pendel*, der *Pfeil*, der *Delfin*.

Schweregrade und Symptome beim Bandscheibenvorfall	
Grad 1	Reine Schmerzsymptomatik
Grad 2	Koordinationsstörung der betroffenen Gliedmaßen (Ataxie)
Grad 3	Unvollständige Lähmung der betroffenen Gliedmaßen (Parese) bei erhaltener Gehfähigkeit
Grad 4	Unvollständige Lähmung der betroffenen Gliedmaßen ohne Gehfähigkeit
Grad 5	Vollständige Lähmung der betroffenen Gliedmaßen (Paralyse, Plegie) bei erhaltenem Tiefenschmerz
Grad 6	Vollständige Lähmung der betroffenen Gliedmaßen ohne Tiefenschmerz

Im medizinischen Sinne spricht man von Übergewicht erst, wenn das Körpergewicht mehr als 20 Prozent über dem Sollgewicht liegt. Man vergleicht dabei das Gewicht des eigenen Hundes mit dem Standardgewicht der jeweiligen Rasse.

Übergewicht

Eines vorneweg: Trotz landläufiger Meinung ist Adipositas (Übergewicht) bei Hunden kein Schönheitsfehler, sondern aus medizinischer Sicht eine eigenständige und ernstzunehmende Krankheit. Laut Schätzungen von Experten sind bald schon die Hälfte aller in Deutschland gehaltenen erwachsenen Hunde zu dick.

Die Ursachen für Übergewicht sind vielfältig. In erster Linie dürfte es aber an den Hundehaltern liegen, warum Hunde zu viel Gewicht auf die Waage bringen. Eine falsche Fütterung, die in der Regel zu kalorienreich und zu fett ist, und mangelnde Bewegung setzen den Vierbeinern buchstäblich zu. Nicht selten werden auch die Kalorien der Snacks, die es zwischendurch gibt, beziehungsweise der Belohnungsleckerlis unterschätzt, siehe Seite 128.

Übersicht Körperkonditionen (schematisch)

sehr mager	Untergewicht	Idealgewicht	Übergewicht	Fettleibigkeit
	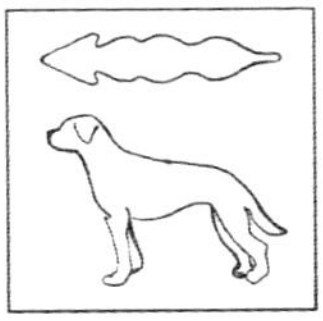	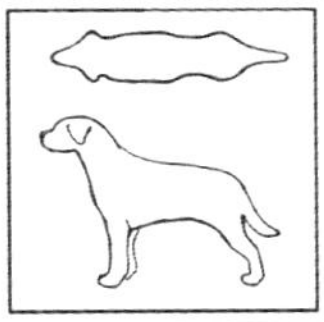	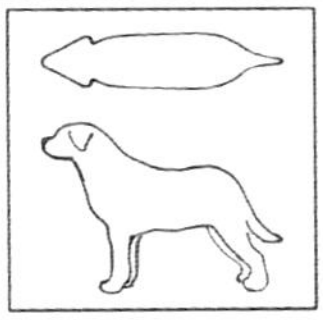	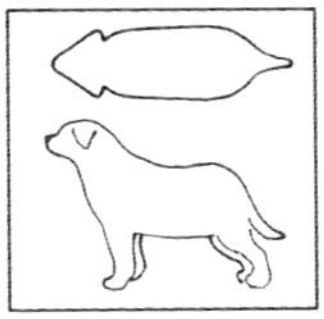
• Die Rippen, die Rückenwirbel und die Beckenknochen sind bei kurzem Haar sehr gut zu sehen. • Es ist ein deutlicher Verlust der Muskelmasse vorhanden. • Auf dem Brustkasten ist keine Fettschicht zu fühlen.	• Die Rippen, die Rückenwirbel und die Beckenknochen sind sichtbar. • Die Taille ist deutlich sichtbar. • Auf dem Brustkasten ist eine sehr dünne Fettschicht zu fühlen.	• Gut proportioniert. • Die Rippen und die Rückenwirbel sind nicht sichtbar, aber gut zu fühlen. • Die Taille ist sichtbar. • Auf dem Brustkasten ist eine dünne Fettschicht zu fühlen.	• Die Rippen und das Rückgrat sind nur schwer zu ertasten. • Die Taille ist schwer erkennbar. • Auf dem Brustkasten, dem Rückgrat und am Rutenansatz ist eine Fettgewebeschicht fühlbar.	• Die Rippen und das Rückgrat sind unter einer dicken Fettschicht kaum zu ertasten. • Auf dem Brustkasten, dem Rückgrat und am Rutenansatz ist eine deutliche Fettschicht vorhanden. • Die Taille ist nicht erkennbar.

mit freundlicher Genehmigung von Royal Canin

GUT ZU WISSEN

Energiegehalte verschiedener „Extras"

	Menge	Energie-aufnahme	Prozent vom Tagesbedarf eines Hundes (25 kg)*
	Frolic® Cornaro, 3 Stück (30 g)	105 kcal	10 %
	Pedigree® Schmackos®, 4 Stück (36 g)	114 kcal	11 %
	Frolic® Rodeo, 2 Stück (38 g)	128 kcal	12 %
	Kauknochen aus Rinderhaut, 190 g	699 kcal	66 %
	Schweineohr, getrocknet, 50 g	216 kcal	20 %
	Rinderlunge, getrocknet, 25 g	102 kcal	10 %
	Pedigree® Dentastix™ für Hunde von 10–25 kg, 26 g = 1 Stück	71 kcal	7 %

	Menge	Energie-aufnahme	Prozent vom Tagesbedarf eines Hundes (25 kg)*
	Nudeln, 100 g**	61 kcal	7 %
	Carnello® Hundespaghetti® (getrockneter Schweinedarm), 25 g	129 kcal	12 %
	Ochsenziemer, 65 g	276 kcal	26 %
	Rinderpansen, getrocknet, 40 g	164 kcal	15 %
	Straußenfleisch, getrocknet, 50 g	216 kcal	20 %
	Pedigree® Biscrok, 5 Stück (30 g)	104 kcal	10 %
	Educ-Erziehungssnack 20 Stück = 17 g	52 kcal	5 %

* Bezogen auf den Tagesbedarf (%) an Energie eines 25 kg schweren Hundes (kastriert, geringe Aktivität), berechnet anhand des metabolischen Körpergewichts: 95 kcal x 25 kg$^{0.75}$

** gekocht; Abtropfgewicht

mit freundlicher Genehmigung von Royal Canin / Dr. Natalie Dillitzer, Fachtierärztin für Tierernährung und Diätetik; www.futtermedicus.de

Aber es gibt auch Erkrankungen die zu Übergewicht führen, etwa hormonelle Störungen wie die Schilddrüsenunterfunktion oder das Cushing-Syndrom, bei der die Nebennierenrinde zu viel körpereigenes Kortison produziert, was die Hunde meist in maßlose Fresslust verfallen lässt. Dazu kommen noch all die Krankheiten, auf Grund derer Hunde sich weniger bewegen können, wie Gelenkerkrankungen (etwa Hüftgelenksdysplasie), Arthrose, Herz-Kreislauferkrankungen und Erkrankungen der Atemwege.

Fettzellen (Adipozyten) speichern nicht nur Fett, sondern sie steuern auch den Stoffwechsel des Hundes, indem sie Hormone und andere Regulationsfaktoren wie etwa Wärmeisolation freisetzen. Steigt der Körperfettanteil über den Normalwert, verschiebt sich das Stoffwechselgleichgewicht und hormonelle Ungleichgewichte entstehen. Dadurch entwickeln übergewichtige Hunde beispielsweise eine Insulinresistenz, eine Vorstufe der Typ-2-Diabetes.

Im Bauchfett übergewichtiger Hunde werden vermehrt entzündungsfördernde Botenstoffe und andere Regulationsfaktoren freigesetzt. Übergewicht ist daher ein wichtiger Faktor bei der Entstehung vieler Krankheiten und kann bereits bestehende Erkrankungen sogar verschlimmern. Wissenschaftlich nachgewiesen ist zum Beispiel, dass fettleibige Hunde häufiger an Arthrose, Osteoarthritis und Herz-Kreislaufproblemen leiden.

Nicht zuletzt verringert Übergewicht die Lebensfreude der betroffenen Hunde. Sie sind weniger aktiv und nehmen weniger an ihrer Umwelt teil. Übergewicht verkürzt zudem die Lebenserwartung: Verglichen mit Hunden, die ihr Leben lang schlank sind, sterben übergewichtige Hunde im Durchschnitt zwei Jahre früher.

Damit der Hund die überflüssigen Pfunde wieder los wird, braucht es neben einem intensiven, physiotherapeutisch begleiteten Training in der Regel auch eine Futterumstellung, zumindest aber eine Futterreduzierung.

Das Ziel der Hydrotherapie bei Übergewicht ist es, Muskulatur aufzubauen und gelenkschonend zu trainieren.
Therapeutische Schwimmübungen, die zum Einsatz kommen: Die *Sonne*, der *Mond*, der *Satellit*, das *Pendel*, der *Pfeil*, die *Regentropfen*, der *Delfin*.

11. Aus der Praxis

Ebony

Name:	Ebony
Rasse:	Continental Bulldog
Alter:	4 Jahre
Gewicht:	23 kg
Pathologie:	beidseitiger Kreuzbandriss, Verdacht auf ED und HD
Geschlecht:	weiblich, kastriert

Ebony, eine temperamentvolle Hündin, erlitt zunächst am rechten Knie einen Kreuzbandriss, der mittels TPLO (Tibial Plateau Leveling Osteotomy) operiert wurde. Nur zwei Monate später riss auch ihr linkes Kreuzband und wurde ebenfalls operiert. Das rechte Kreuzband ist auf Grund eines Traumas gerissen, während das zweite infolge der Überbelastung riss. Ein Befund von HD und ED war tierärztlich zwar nicht diagnostiziert worden, aber die typische Haltung der Ellenbogen und ihr Gangbild lassen diese Rückschlüsse zu.

Nach Messung der Muskulatur (gemessen am Oberschenkel) stellte sich heraus, dass die Muskelatrophie in der Hinterhand von Ebony einen Unterschied von drei Zentimetern zwischen dem rechten und dem linken Hinterbein ausmachte, wobei das rechte Bein weniger Muskulatur aufwies. Außerdem zeigten sich leichte Anzeichen von Entzündungen an beiden Ellenbogen. Alle getesteten Reflexe waren dagegen gut.

Ebony startete mit der Schwimmtherapie bei einer Dauer von anfangs zehn Minuten. Rassebedingt beinhalteten diese zehn Minuten ein häufiges Pausieren auf der Rampe, um ihre Vitalwerte zu überprüfen.

Die Intervalle für die Hydrotherapie wurden zunächst auf zwei Mal pro Woche für die ersten vier Wochen festgelegt.

Nach diesem Zeitpunkt waren Kraft und Kondition von Ebony linear angestiegen, so dass sie bereits 15 Minuten im Pool bleiben konnte. Daraufhin wurde gemeinsam mit der Besitzerin entschieden, die Therapie-Intervalle auf einmal pro Woche zu ändern.

Ebony kam für weitere drei Monate einmal wöchentlich zur Schwimmtherapie. Ihre Kraft und Kondition nahmen stetig zu. Die Muskulatur der Hinterhand glich sich an und baute sich weiter auf. In den letzten vier Wochen der Therapie zeigte Ebony normale physiologische Schwimmbewegungen in der Hinterhand. Bis heute ist Ebony körperlich fit.

Das Ziel der Hydrotherapie war es, die Hinterhand-Muskulatur aufzubauen und anzugleichen, um ein nahezu physiologisches Gangbild zu erreichen und gleichzeitig die bereits überbelasteten Vorderläufe zu entlasten. Außerdem sollten die Verspannungen im Rücken, vorwiegend im Halswirbelsäulen-Bereich, gelöst werden, was schließlich auch gelang.

Mika

Name: Mika
Rasse: Chesapeake Bay Retriever
Alter: 11 Jahre
Gewicht: 28 kg
Pathologie: Spondylose
Geschlecht: weiblich, kastriert

Bei Mika sollte aufgrund ihres fortgeschrittenen Alters ihr bis dahin guter gesundheitlicher Zustand, was Muskeln und Beweglichkeit anbelangte, sowie ihre Stabilität so lange wie möglich erhalten bleiben. Nach einer ausführlichen Anamnese und einer Dorn-Therapie erfolgte im Anschluss eine Hydrotherapie. Mit der Besitzerin wurde vereinbart, dass Mika ein bis zwei Mal im Monat kommen solle. Da sie ausgesprochen gerne ins Wasser geht, brauchte es für sie keinerlei Eingewöhnungszeit.

Mika kam über einen Zeitraum von acht Monaten alle vier Wochen zum therapeutischen Schwimmen. Ihre Bewegungszeit im Wasser wurde von Anfang an auf 15 Minuten unter Einbeziehung der Gegenstromanlage festgelegt, da sie eine erstaunlich fitte und gute Konstitution hatte. In diesem Zeitraum vergrößerte sich der Muskelumfang ihrer Hinterläufe – gemessen an den Oberschenkeln – um ganze zwei Zentimeter.

Etwa vier Monate nach Beendigung der Schwimmtherapie fiel der

Besitzerin von Mika auf, dass sie mit ihrem rechten Hinterlauf zu schleifen begann, was auch deutlich zu hören war. Bei der folgenden Untersuchung stellte sich heraus, dass sie rechts leicht überkötete, was auf eine Störung der Propriozeption (eigene Körperwahrnehmung) hinwies. Der Flexorreflex konnte dagegen nicht ausgelöst werden.

Mika kam daraufhin wieder regelmäßig alle zwei Wochen zur Schwimmtherapie. Es ließ sich feststellen, dass sie jedes Mal direkt nach dem Schwimmen nicht mehr mit ihrer Hinterhand schliff und dies auch beinahe die beiden Wochen bis zum nächsten Termin anhielt. Durch die Bewegung im Wasser nahm Mika sich in ihrer Gesamtheit wahr und koordinierte ihre Hintergliedmaße wieder korrekt.

Aufgrund einer Lebererkrankung, von der sich Mika nur langsam erholte, musste sie einen Monat mit der Hydrotherapie pausieren. Trotz der kurzen Zeit war nach ihrer Genesung sowohl eine starke Muskelatrophie des rechten Hinterlaufs zu ertasten – die Messung am Oberschenkel ergab einen Unterschied von drei Zentimetern zwischen rechtem und linkem Hinterlauf – sowie schwere Koordinationsstörungen der rechten Hintergliedmaße zu beobachten.

Seitdem kommt Mika wieder regelmäßig einmal wöchentlich zur Schwimmtherapie. Ihre Muskulatur hat sich links um zwei Zentimeter und rechts um einen Zentimeter aufgebaut. Ihre Koordinationsschwierigkeiten des rechten Hinterlaufs lassen sich mit diesem Intervall in Grenzen halten.

Das Ziel der Hydrotherapie war es, die gesamte Muskulatur, die Beweglichkeit sowie die Mobilität zu erhalten und die Stabilisierung zu verbessern.

Buddy

Name: Buddy
Rasse: Labrador Retriever
Alter: 10 Jahre
Gewicht: 38 kg
Pathologie: HD, Spondylose, Arthrose, Kardiomegalie
Geschlecht: männlich, kastriert

Buddy hatte schon immer wie eine Hündin gepinkelt. Als er sich aber nach dem Urinieren nicht mehr richtig aufrichten konnte und offensichtliche Schmerzen hatte, wurde er im Alter von zehn Jahren diesbezüglich einem Tierarzt vorgestellt. Mittels Röntgenaufnahmen wurden bei ihm HD (D und E) und Spondylose an der Lendenwirbelsäule diagnostiziert.

Nach einer gründlichen physiotherapeutischen Anamnese ergab sich folgendes Bild: Buddy litt unter starker Arthrose in beiden Hüftgelenken und an einer beidseitigen Muskelatrophie in der Hinterhand, die wiederum gleichzeitig für eine große Instabilität des Rumpfes verantwortlich war. Buddy war durchtrittig an den Vorderpfoten und in beiden Schultergelenken zeigte sich durch die Überbelastung eine Entzündung. Weiterhin konnte ein Flexorreflex ausgelöst werden und er überkötete. Sämtliche Strukturen waren vollkommen überbelastet. Zudem litt er noch an Übergewicht.

Buddy erschien ein bis zwei Mal in der Woche zur Schwimmtherapie. Zusätzlich wurde ein wöchentliches Koordinations- und Bewegungstraining anberaumt, angepasst an seine Konstitution.

Mit zwölf Jahren verschlechterte sich seine Kondition und seine Muskelmasse nahm stetig ab. Zum Erhalt seiner Mobilität kam er noch einmal pro Woche zur Hydrotherapie, was er auch sehr genoss. Durch das warme Wasser wurden seine Verspannungen gelöst und er war weiterhin mobil. Damit seine von Arthrose geplagten Gelenke nicht auch noch durch sein Übergewicht belastet werden, musste Buddy unbedingt abnehmen. Durch das regelmäßige Schwimmen verlor er im Laufe der Zeit insgesamt sechs Kilogramm, sodass sein Endgewicht 32 Kilogramm betrug.

Mit 13,5 Jahren diagnostizierte der Tierarzt bei Buddy einen Megaösophagus (Erweiterung der Speiseröhre), an dem er schließlich mit 14 Jahren verstarb.

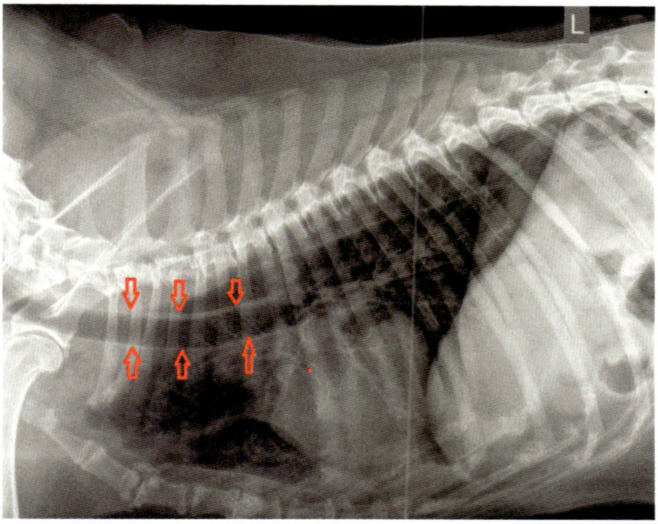

Die roten Pfeile auf der Röntgenaufnahme deuten auf eine Erweiterung der Speiseröhre (Megaösophagus).

Das Ziel der Hydrotherapie war es, die gesamte Muskulatur, die Beweglichkeit und die Mobilität zu erhalten und die Stabilität zu verbessern. Verspannungen sollten gelöst werden und außerdem wurde großer Wert auf eine Gewichtsreduzierung gelegt.

Dita

Name: Dita
Rasse: Mischling
Alter: 8 Jahre
Gewicht: 20 kg
Pathologie: Femurkopfresektion
Geschlecht: weiblich, kastriert

Aufgrund einer bestehenden Lahmheit an der rechten Hinterhand wurde Dita dem Tierarzt vorgestellt. Anhand der Röntgenbilder diagnostizierte dieser eine schwere Hüftgelenksarthrose rechts, mit eingeschränkter Beweglichkeit und Muskelatrophie. Es wurde sich für eine Femurkopfresektion entschieden. Nachdem die Fäden gezogen waren, verordnete der Arzt im Anschluss Physiotherapie für Dita.

Nach einer vollständigen Anamnese stellte sich zwischen dem operierten rechten Bein und dem linken ein Unterschied im Muskelumfang von sieben Zentimetern gemessen am Oberschenkel heraus. Für die Größe des Hundes war dies ein beträchtliches Ausmaß. Zudem lahmte sie noch auf der rechten Seite, was aufgrund der Pathologie vollkommen

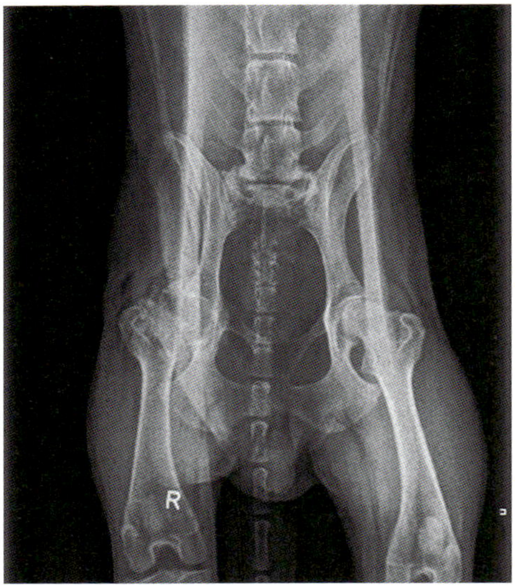

Auf dieser Röntgenaufnahme lässt sich eine schwere Hüftgelenksarthrose rechts erkennen.

normal war, und sie zeigte eine deutliche Instabilität in der rechten Hüfte, verursacht durch den fehlenden Oberschenkelkopf.

Es war leider nicht möglich, Dita zwei Mal pro Woche zur Hydrotherapie zu bringen, so dass sie nur ein Mal wöchentlich behandelt werden konnte. Da sie eine sehr ängstliche Hündin war und nicht schnell Vertrauen fasste, kam sie zunächst nur für sieben Minuten ins Wasser, was aber nach vier Wochen schon auf zwölf Minuten ausgedehnt werden konnte. Auch beim Schwimmen zeigte sich Dita ängstlich, was sich an ihren verkrampften Bewegungen im Wasser ablesen ließ. Das operierte Bein hielt sich die ersten drei Wochen lang während des Schwimmens in Flexion, bis sich langsam eine Veränderung bemerkbar machte. Auch das Gangbild außerhalb des Wassers verbesserte sich zusehends.

Zwei Monate später zeigte Dita keine Lahmheiten mehr und ging das erste Mal seit langer Zeit wieder im Trab. Da es nicht möglich gewesen ist, auch außerhalb des therapeutischen Schwimmens mit Dita regelmäßig zu trainieren, stellte sich der Erfolg erst so spät ein. Nach insgesamt drei Monaten war die Muskulatur beidseitig nahezu angeglichen und die Hydrotherapie fand nur noch alle zwei Wochen statt. Dita kam danach insgesamt noch vier Mal in die Schwimmtherapie.

Das Ziel der Hydrotherapie war es, die Muskulatur in der rechten Hinterhand aufzubauen und an das linke Bein anzugleichen sowie ein nahezu physiologisches Gangbild zu erreichen und die Verspannungen im Rücken zu lösen.

Exkurs: Prunus

Name:	Prunus
Rasse:	Norwegische Waldkatze
Alter:	7 Jahre
Gewicht:	5 kg
Pathologie:	Beckenfraktur
Geschlecht:	männlich, kastriert

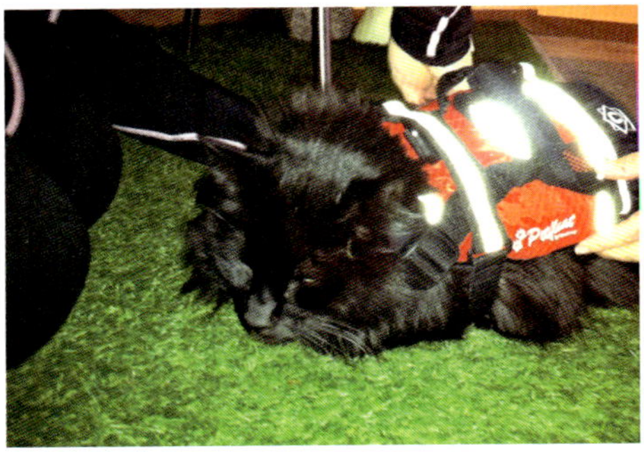

Prunus erlitt eine Beckenfraktur, die operativ behandelt wurde. Die Reposition gelang laut Aussage des Chirurgen sehr gut. Das Ilium (Darmbein) von Prunus wurde beidseitig mittels Schrauben an sein Sacrum (Kreuzbein) fixiert, womit die Stabilität der Hüften wiederhergestellt war. Die Prognose war gut, die Adduktoren der Hinterhand und die Nerven sollten sich auch gut erholen. Eigentlich hätte sich Prunus innerhalb von 14 Tagen wieder normal bewegen sollen. Doch Prunus schliff auch drei Wochen nach dem operativen Eingriff seine Hinterhand noch hinterher. Deshalb wurde beschlossen, ihn zur Physiotherapie zu schicken.

Als Prunus das erste Mal erschien, war sofort klar, dass hier an seinem Schmerzgedächtnis gearbeitet werden muss. Denn die Operationsnarben waren alle gut verheilt, und auch sonst zeigten sich keinerlei Auffälligkeiten, die darauf hätten schließen lassen, dass hier weiterhin ein orthopädisches Problem vorlag.

Zunächst erfolgte die Physiotherapie. Als das Gangbild von Prunus sich dabei nicht in dem Maße wie erwartet verbesserte, wurde für ihn kurzerhand eine Hydrotherapie eingeleitet. Dabei ist anzumerken, dass bei einer Katze mehr Schutzmaßnahmen zu treffen sind, als bei einem Hund. So sollte neben einem Neoprenanzug, der auch Arme und Beine bedeckt ein dickes Paar Neoprenhandschuhe nicht fehlen, denn Katzen können sich erstaunlich winden, wenn es ins Wasser gehen soll und sind dabei kaum zu fassen.

Prunus bekam eine Schwimmweste angezogen. Schnell war klar, dass er sich überhaupt nicht wohl im Wasser fühlte, denn er knurrte extrem stark. Nach drei Runden war die erste Schwimmtherapie-Stunde auch schon wieder beendet. Doch trotz wilden Geplansches im Pool ließ sich schemenhaft erkennen, dass Prunus seine Hinterläufe im Wasser benutzte.

Eine Woche darauf erfolgte die zweite Hydrotherapie und danach begann Prunus auch außerhalb des Wassers seine Hinterhand wieder einzusetzen. Aufgrund des Stresses für Mensch und Tier wurde beschlossen, es bei diesen zwei Terminen zu belassen und zunächst abzuwarten, wie sich das Gangbild von Prunus weiterentwickeln würde. Prunus läuft inzwischen wieder vollkommen beschwerdefrei.

Das Ziel der Hydrotherapie war es, das Schmerzgedächtnis zu löschen.

12. Die Praxiseinrichtung – Pool und Zubehör

Allgemeines

Die Entscheidung für oder gegen einen Pool wird manchmal schon in der Ausbildung zum Hundephysiotherapeuten getroffen. Hat der Therapeut erst einmal die Magie des Wassers, die Wirkungsweise des therapeutischen Schwimmens, den spannenden Umgang und die Herausforderungen mit dem Hund im Wasser entdeckt, wird er sich wahrscheinlich für einen Pool entscheiden. Die meisten Ausbildungsinstitute bieten heutzutage die Ausbildung beziehungsweise Weiterbildung zum Hydrotherapeuten an. Ist der Entschluss gefasst, muss der Therapeut sich mit diversen Fragen auseinandersetzen. Dieses Kapitel soll für den Therapeuten nicht nur eine Entscheidungshilfe sein, sondern ihm und dem interessierten Leser auch einen Einblick in die gesamte Organisation rund um den Pool verschaffen.

Alle Angaben über mögliche Preise und Kosten verstehen sich ohne Gewähr und dienen nur zur ungefähren Orientierung. Informieren Sie sich immer direkt beim Hersteller oder den zuständigen Fachpersonen.

Die Praxisräume

Nachdem der Entschluss für die Anschaffung eines Pools feststeht, muss der Therapeut seine räumlichen Möglichkeiten anschauen, denn für das Aufstellen benötigt man bestimmte Voraussetzungen. Da wäre zum einen die Größe des Poolraums: Je nachdem, wie groß der Pool sein soll, muss eventuell daran gedacht werden, die physiotherapeutische Praxis örtlich zu verlegen oder, wenn die Möglichkeit besteht, zu vergrößern. Der Pool muss eine Mindestgröße von 2x3 m haben, ansonsten ist der Therapeut nicht in der Lage, effektiv zu arbeiten. Andererseits sollte eine Maximalgröße von 5x6 m nicht überschritten werden, denn dann wiederum kann der Therapeut den Hund im Wasser nicht mehr kontrolliert bewegen. Besonders kleine Hunde entwickeln oft eine enorme Geschwindigkeit im Wasser und es ist fast unmöglich, als Therapeut hinterherzukommen, um zum Beispiel den Hund auf der Rampe abzusichern.

Steht der Pool im geschlossenen Raum, entwickelt sich eine massive Feuchtigkeit. Dem kann man zwar mit einem Luftentfeuchtungsgerät entgegenwirken, dies aber nur bedingt. Es sollten sich deshalb mehrere Fenster im Praxisraum befinden, die man öffnen kann.

Ein weiterer ausschlaggebender Punkt für die Größe des Raumes ist die Sitzgelegenheit: Damit die Besitzer sich entspannt und bequem hinsetzen können, wenn sie das möchten und trotzdem einen Blick auf den Pool haben, sollte eine Sitzgelegenheit angeboten werden. Denn ist der Besitzer entspannt, überträgt sich das auch auf den Hund.

Um den Ablauf der Hydrotherapie effektiv zu gestalten, sollte sich auch eine geeignete Stelle zur Nachsorge des Hundes nach dem Schwimmen im Poolraum befinden. Hierzu eignet sich hervorragend ein Platz unter einer Rotlichtlampe, die je nach Höhe der Aufhängung den Hund warmhält und für Entspannung sorgt.

Eine Aufbewahrung für die Handtücher, den Fön und die Neoprenanzüge muss ebenfalls vorhanden sein. Zudem braucht der Therapeut eine Möglichkeit zum Umziehen. Für all dies benötigt man einen Raum von etwa 50 m^2 Größe.

Alle, die keinen ebenerdig eingebauten Pool stellen können, müssen unbedingt daran denken, ein Statiker hinzuzuziehen. Dazu einen kleines Rechenbeispiel: Der Pool ist 150 cm hoch, 350 cm lang, 250 cm breit und wird auf 130 cm mit Wasser befüllt, ergibt: 350 x 250 x 130 = 11.375 Liter Wasser. Ein erhebliches Gewicht!

Der Pool

Für die Auswahl eines geeigneten Pools sind nicht nur das Budget und die vorgegebenen Räumlichkeiten maßgeblich, sondern auch die Vorliebe des Therapeuten.

Nachfolgend finden Sie eine Übersicht möglicher Pools mit Vor- und Nachteilen. Die Preisangaben sind nur ungefähre Werte, da diese je nach Hersteller, Land und Größe schwanken.

Die Wassertiefe im Pool spielt bedingt eine Rolle. Zwar kann der Therapeut auch in 80 cm tiefem Wasser kleine bis mittelgroße Hunde therapieren, für große Hunde wie zum Beispiel Bernhardiner, Neufundländer oder Doggen ist diese Wassertiefe aber nicht ausreichend. Hierfür sollte der Pool mit einer Mindesttiefe von 120 cm mit Wasser gefüllt werden.

Werkstoff:	***GFK Pool (glasfaserverstärkter Kunststoff)***	***PVC Aufstell Pool***	***Edelstahlpool****
	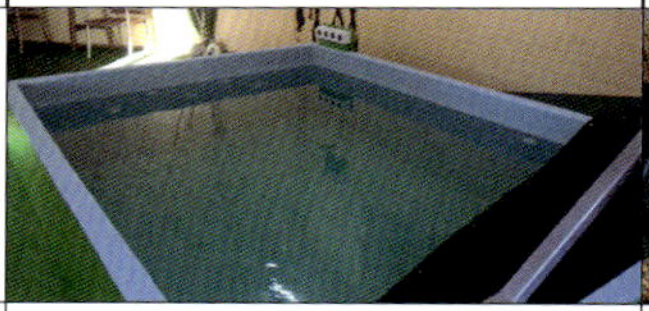		
Hochwertiger Werkstoff	X		X
absolute Dichtheit	X		X
glatte und fugenfreie Oberfläche	X	X	X
schnelle Reinigung	X		X
kurze Montagezeit		X	
Größe frei wählbar	X		X
Beständigkeit	lang	kurz	lang
Erscheinungsbild	seriös	ohne Umrandung – unseriös	exklusiv
Sicherheit	hoch		hoch
Preis	ab 15.000 Euro inklusive Filteranlage	ab 400 Euro ohne Filteranlage	ab 10.00 Euro ohne Filteranlage

** Foto zur Verfügung gestellt von: Firma Polytherm, Österreich, www. polytherm.at*

Der Einstieg

Es gibt verschiedene Möglichkeiten, wie der Hund ins Wasser kommen kann: vom Hineinheben (nur bei kleinen Hunden möglich) über Treppen bis hin zu einer Rampe. Die wohl beste Möglichkeit ist die Rampe, da Hund und Therapeut so je nach Gefälle relativ sanft ins Wasser einsteigen können.

Die Rampe ist zweigeteilt: der erste Teil ist der Anstieg zum Rand des Beckens (entfällt bei ebenerdig eingebauten Pools) und der zweite Teil ist der Bereich, in dem der Hund ins Wasser geht und auch zum Ausruhen platziert wird. Beide Teile müssen genau an den Pool angepasst sein. Es gibt hierfür keine Normrampen, das heißt also: selber bauen oder bauen lassen.

Ein Beispiel hierzu: Der Anstieg zum Beckenrand ist aus Holz, der Abstieg ins Wasser ist ein separater zweiter Teil aus Chromstahl und an den Beckenrand des Pools angehängt. Zusätzlich ist dieser Teil mit einem Handlauf für den Therapeuten versehen. Ein anderes Beispiel wäre eine mobile Rampe. Der Vorteil dieser Variante liegt darin, dass diese bei Bedarf hingeschoben werden kann und somit kein Hund in die Versuchung kommt, alleine ins Wasser zu gehen. Der Nachteil ist hier aber, dass mehr Platz benötigt wird, da die Rampe bei Nichtbenutzung verstaut werden muss.

Der Belag der Rampe sollte sorgfältig ausgewählt werden. Er muss unbedingt rutschfest sein, ansonsten ist das Verletzungsrisiko für Therapeut und Hund zu hoch. Außerdem sollte der Belag eine gewisse Dicke haben, um die Abnutzungserscheinungen durch die Krallen gering zu halten und somit Kosten zu sparen.

Bewährt haben sich Beläge, die auch für Pferde-, Rinder- oder Schweineställe genommen werden. Diese haben die benötigte Dicke und sind absolut rutschfest. Damit ist der Therapeut in der Lage, auch rückwärts in den Pool zu steigen, um immer die Augen und die Hände am Hund zu haben.

Wichtig ist außerdem die Breite der Rampe. Empfehlenswert sind mindestens 50 cm. Grund hierfür ist, dass der Therapeut viele Hunde während des Aussteigens aus dem Wasser unterstützen muss und beide dabei genug Platz haben müssen, damit es nicht zu Unfällen kommt.

Der Einstieg über Treppen ist auch eine Möglichkeit, für ängstliche oder nicht trittsichere Hunde aber ungeeignet. Auch für den Therapeuten sind Treppen schwieriger zu bewältigen, da er sich zu stark auf seine Schritte konzentrieren muss, anstatt den Hund im Auge zu behalten. Treppen haben natürlicherweise eine geringe Auflagefläche, so dass ein Ausrutschen quasi vorprogrammiert ist.

Den Hund in den Pool hineinzuheben ist für den Hund wohl die ungünstigste Art und Weise, ins Wasser zu kommen. Schaut man bei dieser Prozedur in die verängstigten Augen eines Hundes, braucht es keine weitere Erklärung dazu.

Ein sicherer und rutschfester Einstieg über eine sanft abfallende Rampe ist die beste Lösung.

Ist der Entschluss für die Anschaffung eines Pools erst einmal gefallen, stehen einige Überlegungen an, die allerdings wohl durchdacht werden sollten.

Die Filteranlage

Die Filteranlage ist ein wichtiges Zubehör in der Hydrotherapie-Praxis und gehört zur Ausstattung des Pools. Durch die Filtration wird das Wasser des Pools umgewälzt und die Schmutzpartikel werden ausgefiltert. Eine Filteranlage darf auf keinen Fall zu klein gewählt werden (Umwälzleistung der Pumpe und Filtergröße), um auch die Hundehaare optimal herauszufiltern und die Umwälzung des Wassers zu gewährleisten. Eine effiziente physikalische Wasserpflege durch Filtration macht etwa 80 Prozent der Wasserbehandlung aus. Die Filterlaufzeit richtet sich nach der Wassertemperatur: je höher die Temperatur, desto länger die Filterlaufzeit. Liegt die Wassertemperatur des Pools bei 30 Grad, so muss die Filteranlage mindestens 16 Stunden pro Tag laufen. Das gefilterte Wasser sieht zwar sauber aus, aber trotzdem enthält es weiterhin unsichtbare Partikel. Auch die beste Filtration kann Mikroorganismen wie ewa Algen, Bakterien, Viren und Pilze nicht herausfiltern. Deshalb ist eine Behandlung des Wassers erforderlich. Je nach Wahl der Filteranlage ist dies mit zusätzlichen Pflegemitteln nötig oder auch nicht.

Die Dosierung der Pflegemittel sollte ganz genau mit dem Poolhersteller abgesprochen werden. Es sind so viele Pflegemittel nötig, um die Mikroorganismen herauszufiltern und so wenige wie möglich, um nicht die Haut des Therapeuten zu beeinträchtigen. Dem Hund schadet das leicht chlorhaltige Wasser nicht, da er nur während einer Therapiestunde im Wasser ist – und das auch nicht jeden Tag. Für den Therapeuten gilt dies nicht, er ist mitunter ein paar Stunden pro Tag im Wasser und das Chlor im Zusammenhang mit dem eventuell nicht korrekten ph-Wert des Wassers kann die Haut reizen. Dann kann eine nicht zu heiße Dusche mit einem ph-neutralem Duschgel helfen.

In der Salzelektrolyseanlage wird das eingegebene Salz durch die Elektrolyse zu Chlor umgewandelt. Laut Aussage verschiedener Hersteller sei dies ausreichend zur Wasserbehandlung.

Der Therapeut ist trotzdem immer in der Verantwortung, die Wasserqualität laufend zu überprüfen. Die

Die Filteranlage ist ein Kernstück des Pools und für eine effiziente physikalische Wasserpflege unerlässlich.

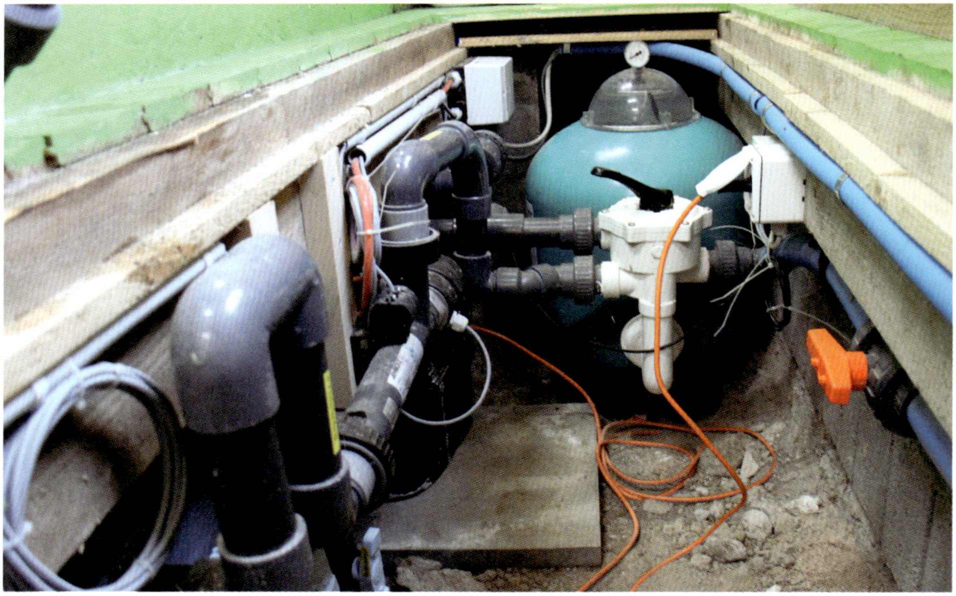

Kosten einer Filteranlage werden in Anschaffungs- und Betriebskosten unterteilt. Die Anschaffungskosten sind der Preis, die die Anlage kostet, die Betriebskosten sind die Stromkosten, die im Betrieb anfallen.

Der Sandfilter

Sandfilteranlagen für den Pool müssen ausreichenden dimensioniert sein. Die Größe des Filters muss auf die Leistung der Pumpe abgestimmt werden. Es ist empfehlenswert, das Poolwasser mindestens einmal am Tag komplett umzuwälzen, damit es eine ausreichende Filterung bekommt und sauber bleibt. Es gibt hochwertige Sandfilteranlagen aus Kunststoff oder Edelstahl.

Der Preis für eine Sandfilteranlage beginnt von wenigen hundert Euro und kann bis mehrere tausend Euro betragen. Die Filterleistung bestimmt den Preis. Zusätzlich zum Kaufpreis fallen Montagekosten an, falls die Sandfilteranlage fest verbaut wird.

Da die Sandfilteranlage über mehrere Stunden am Tag läuft, spiegelt sich dies in der Stromrechnung wider. Es ist nicht ratsam, eine stärkere Sandfilteranlage als für den Pool notwendig zu kaufen. Zwar filtert eine Sandfilteranlage mit hoher Leistung die Wassermenge schneller, jedoch ist sie in der Anschaffung viel teurer und verursacht mehr Betriebskosten. Um das Wasser keimfrei zu halten, können, wie schon erwähnt zusätzliche Pflegemittel zur Anwendung kommen.

Der Salzelektrolysefilter

Salzelektrolysegeräte werden immer beliebter. Ein wichtiger Grund liegt darin, dass durch den Einsatz einer Salzelektrolyseanlage viele Vorteile entstehen.

Zum Beispiel entsteht weiches Wasser und gute Hautverträglichkeit durch anhaltende und gleichbleibende Wasserqualität ohne manuelles Dosieren von Chlor - Feststoffprodukten. Dabei ist das Prinzip einer Salz-Elektrolyseanlage denkbar einfach: durch die Zugabe von Salz ist der größte Teil der Pflegearbeiten bereits erledigt.

Salzelektrolysefilteranlagen laufen nach einem aus der Natur abgeleiteten Prinzip. Es handelt sich hierbei um ein ähnliches System wie im Ökosystem der Weltmeere. Durch die Zugabe von Salz in das Wasser und dem leichten Stromfluss in der Elektrolysezelle entsteht ein Natriumhypochlorit, das heißt die Anlage misst den pH-Wert und den Salzgehalt des Wassers und spaltet mit der Salzelektrolyse das Salz im Pool zu natürlichem Chlor. Somit ist sie in der Lage, eine komplette Desinfektion im Wasser durchzuführen, ohne das weitere Chlorprodukte zugefügt werden müssen. Allerdings ist eine sichere Entkeimung laut Herstellern nur bei Wassertemperaturen bis 30 Grad möglich.

Salz ist preiswert, womit die Kosten für den laufenden Betrieb günstiger sind als die Variante der Sandfilteranlage. Auch der Stromverbrauch liegt etwas unter dem einer Sandfilteranlage. Eine Salzanlage ist leider nicht für alle Materialien geeignet: Die Filterpumpe sollte salztauglich sein und die Einbauteile entweder aus Kunststoff oder Edelstahl. Ansonsten besteht die Gefahr der Korrosion. Die Anschaffungskosten für eine Salzelektrolysefilteranlage liegen zwischen wenigen hundert Euro bis mehrere tausend Euro.

Wassermanagement

Ein sehr wichtiger Punkt in der Unterhaltung eines Pools ist die Qualität des Wassers. Regelmäßige Kontrollen des Wassers schützen nicht nur die Haut des Therapeuten, sondern auch die des Hundes. Wasser trocknet aufgrund der Diffusionskraft (Konzentrationsgefälle zwischen Extra- und Intrazellulärraum) die Haut aus, die dann versucht, den pH-Wert auszugleichen. Das heißt also, je öfter man ins Wasser geht, umso trockener wird die Haut. Dem kann man mit einer guten Wasserqualität entgegenwirken.

Für die Wasserqualitätskontrolle eignen sich am besten digitale Pooltester. Sie sind sehr einfach in der Handhabung und ermitteln genaue Zahlenwerte. Das Zusammenspiel zwischen den einzelnen Pflege- und Aufbereitungsmitteln ist eine Wissenschaft für sich und unter anderem abhängig von der Größe des Pools und der Wasserfüllmenge. Es ist ratsam, sich vom Poolhersteller genaue Instruktionen über die Wasserpflege geben zu lassen. Wenn in der Hydrotherapiepraxis mehrere Therapeuten arbeiten, ist es unerlässlich, die Kontrollen und die anfallenden Massnahmen schriftlich festzuhalten. Wie so etwas aussehen kann, zeigt die folgende Tabelle.

Wasserqualität - Aufzeichnung

Datum	Zeit	Temperatur	pH - Wert	Chlorwert	Alkalinität *	Farbe des Wassers**	Anzahl Hunde***	Bemerkungen /Maßnahmen
Sollwerte		28 - 32C	7,0 – 7,4	0.4– 0.5ppm	80-160 g/l			

* Alkalinität 1x/Woche prüfen, wenn Wasser stabil. Wenn instabil, dann öfter

** Beschreibung des Wassers (kristallklar; blau und klar; blau aber leblos; blaugrau; grau; grün-grau; grün

*** Wie viele Hunde waren im Wasser, bis zum Test

Der Luftentfeuchter

Bei einer Wasseroberfläche von 15 m² verdunsten täglich etwa 30 Liter Wasser. Ist der Pool in Betrieb, vervielfacht sich die Anzahl der Liter. Die Differenz zwischen Wasser- und Raumtemperatur hat zusätzlichen Einfluss auf die Luftfeuchtigkeit im Raum.

Wird im Poolraum kein Entfeuchter montiert, wird der Raum durch zu hohe Luftfeuchtigkeit negativ beeinträchtigt. Übermäßige Feuchtigkeit setzt sich auf Decke, Boden, Fenstern, Wänden und Metallstrukturen ab. Es kommt zu Korrosion, Schimmel und Bakterienwachstum.

Moderne Geräte verfügen zusätzlich über ein Medium der Wärmerückgewinnung, sodass gleichzeitig die Heizkosten gesenkt werden können. Eine Poolabdeckung kann die Kondensatbildung ebenfalls reduzieren.

Die Kosten für einen Entfeuchter beginnen von wenigen hundert Euro bis mehrere tausend Euro. Ein Fachmann sollte in jedem Fall hinzugezogen werden.

Bei fehlendem Luftentfeuchter kommt es zu übermäßiger Feuchtigkeit im Pool-Raum. Die Folgen sind Korrision, Schimmel und Bakterienwachstum.

Die Rotlichtlampe

Die Rotlichtlampe dient zur therapeutischen Beleuchtung von Körperregionen und gibt eine wärmende und tiefenwirksame Infrarotstrahlung ab. Die Glühlampen haben speziell dafür ausgelegte Wärmestrahlungen und regen besonders die Durchblutung an, dienen zur Entspannung und können das Immunsystem positiv anregen. Das infrarote Licht dringt einige Millimeter tief in das bestrahlte Gewebe ein und durch die Wärmeleitung auch in tiefer liegende Gewebeschichten.

Es muss zwischen dem sichtbaren und unsichtbaren Licht unterschieden werden. Das sichtbare Licht wird vom Menschen in der Farbe Rot wahrgenommen, während das unsichtbare Licht für die Wärmeempfindung sorgt. In Form von elektromagnetischen Wellen steuern diese unsichtbaren Strahlen mit Lichtgeschwindigkeit auf den Körper zu und dringen in Gewebe und Gelenke ein. Aufgrund der Schwingung dieser Wellen verspürt der Hund eine angenehme und entspannende Wärme. Dieses ist für ein *cool down* absolut förderlich.

Darauf hinzuweisen ist unbedingt, dass sich in unmittelbarer Nähe der Rotlichtlampe keine leicht entzündlichen oder brennbaren Gegenstände befinden sollten. Außerdem sollte unbedingt der angegebene Mindestabstand zur Rotlichtlampe eingehalten werden, da durch die starke Hitzeentwicklung sonst Verbrennungen an Haut und Gewebe auftreten können.

Die angenehme Wärme, die eine Rotlichtlampe verbreitet, wirkt bei Hunden nach dem therapeutischen Schwimmen wohltuend und entspannend.

Die Schwimmbekleidung für den Therapeuten

Welche Bekleidung für den Einsatz im Wasser sinnvoll ist, ist nicht nur abhängig von den Vorlieben des Therapeuten, sondern auch von der Wasserfüllmenge im Pool.

Grundsätzlich geeignete Bekleidung sind die Fischerhose und der Neoprenanzug.

Die Fischerhose

Die Fischerhose, auch Wathose oder Anglerhose genannt, bietet sich an, wenn der Pool um die 80 cm Wassertiefe hat. Bei dieser Tiefe ist die Gefahr von Verletzungen an den Armen oder vom Nasswerden des Oberkörpers relativ gering. Sie besteht meistens aus PVC, ist zu hundert Prozent wasserdicht und sehr günstig. Der Vorteil der Fischerhose besteht darin, dass der Therapeut sehr schnell umgezogen ist. Nachteile sind, dass der Therapeut noch für ein geeignetes Oberteil sorgen muss und die Fischerhose rein optisch nichts Therapeutisches an sich hat.

Der Neoprenanzug

Der Neoprenanzug eignet sich am besten für das therapeutische Schwimmen. Neben der Wärmewirkung ist die Flexibilität vom Neopren eine der entscheidenden Eigenschaften, die besonders bei dem bewegungsintensiven therapeutischen Schwimmen voll zur Geltung kommt. Zusätzlich hält der Anzug Verletzungen an den Armen und Beinen weitestgehend ab und ist sehr bequem.

Neoprenanzüge gibt es in verschiedenen Ausführungen:

Shorty	Kurze Ärmel und kurze Beine
Short Sleeve Wetsuit	Kurze Ärmel und lange Beine
Fullsuit oder Steamer	Lange Ärmel und lange Beine
Hooded Fullsuit	Lange Ärmel, lange Beine und integrierte Haube

Für die ersten therapeutischen Lektionen im Wasser empfiehlt es sich, einen Fullsuit zu kaufen, da der Therapeut selber noch nicht ausreichend koordiniert ist und leichte Verletzungen an Armen und Beinen meistens die Folge sind. Im Laufe der Zeit entwickelt der Therapeut eine sehr gute Eigenkoordination und kann dann zum Beispiel auf einen Shorty Sleeve wechseln, der etwas bequemer ist. Neoprenanzüge gibt es in verschiedenen Farben und Dicken. Für das therapeutische Schwimmen sind Anzüge mit einer Dicke zwischen 2 mm und 3 mm geeignet.

Am besten eignen sich für das therapeutische Schwimmen mit Hunden Anzüge aus Neopren.

Die Schwimmweste

Ob Chihuahua, Mops, Labrador oder Dogge: Schwimmwesten gibt es für alle Hunde. Das wichtigst ist aber, dass sie passen.

- Eine Schwimmweste schont dank des Auftriebs die Kräfte des Hundes, sodass auch ältere oder körperlich beeinträchtigte Hunde stark von ihr profitieren. Bei neurologischen Erkrankungen ist das Anlegen einer Schwimmweste unabdingbar. Dank der Auftriebszellen oder des Auftriebsmaterials (meist Neopren oder Schaumstoff) kann der Hund sich ganz auf die Fortbewegung konzentrieren.

Folgende Kriterien sollte die Schwimmweste erfüllen:

- Die Schwimmweste sollte die richtige Passform haben und mit mehreren verstellbaren Schnallen zu einer individuellen Einstellung an Hals und Brust sowie im Bauchbereich ausgestattet sein.

- Die Weste muss schwimmfähig sein und einen angemessenen Auftrieb besitzen, um den Hund über Wasser halten zu können. Eine hochwertige Schwimmweste für Hunde sorgt nicht nur für mehr Sicherheit, sondern hält den Hund auch warm, was besonders bei Erschöpfung sehr wichtig ist.
- Sie sollte einen Rückengriff haben, um den Hund leichter und schonender aus dem Wasser zu bringen und um gegebenenfalls eine Möglichkeit zu haben, den Hund festzuhalten, ohne ihm ins Fell greifen zu müssen.
- Die Schwimmweste sollte langlebig sein und aus robusten und reißfesten Materialien wie Nylon oder Polyethylen bestehen. Trotzdem sollte sie so leicht und bequem sein, dass sich der Hund frei bewegen kann.

Für die Hydrotherapie ist es wichtig, dass dem Hund die Schwimmweste genau passt.

Sonstiges Equipment

Es gibt noch allerlei Kleinutensilien, die sinnvoll für die hydrotherapeutische Praxis sind.

Da wäre zum einen das Schwimmspielzeug, mit dem der Hund animiert werden kann, die entsprechenden Übungen auszuführen, ohne dass der Therapeut allzu stark manipulieren muss. Dies funktioniert allerdings nur bei sehr Jagd orientierten Hunden, bei Hunden die gerne apportieren oder bei so genannten Balljunkies. Darauf zu achten ist, dass der Hund sich nicht im Spielzeug verfangen kann.

Weiterhin ist es ratsam, Kautschukschuhe für Hunde in verschiedenen Größen in der Praxis zu haben. Naturkautschuk-Schuhe sind zu 100 Prozent wasserdicht, damit der Hund, auch wenn er kleine Risse oder Schnitte an der Pfote hat, hydrotherapeutisch behandelt werden kann.

Natürlich benötigt man in der hydrotherapeutischen Praxis auch

Es bietet sich in einer hydrotherapeutischen Praxis an, verschiedenes schwimmfähiges Spielzeug zu haben, um die Hunde im Wasser motivieren zu können.

Handtücher. Diese sollten auch in verschiedenen Größen vorrätig sein. Es ist sinnvoll, die Handtücher vor Ort zu waschen, sodass ausserdem eine Waschmaschine benötigt wird. Werden die Handtücher nach dem Waschen in einem Trockner getrocknet, erleben die Hunde ein wohliges Gefühl beim Abtrocknen. Kratzige Handtücher mögen die meisten Menschen ja auch nicht so gerne.

Der Fön darf in der Praxis ebenfalls nicht fehlen. Es ist nicht sinnvoll, einen «normalen» Fön für Menschen zu benutzen. Der Therapeut sollte sich hier eventuell bei verschiedenen Hundefrisören erkundigen, welcher sinnvoll ist.

Zum Abtrocknen der Hunde eignet sich ein normaler Fön eher weniger.

In der Hydrotherapie-Praxis sollte es an Handtüchern nicht mangeln.

Genehmigungen zum Betreiben einer hydrotherapeutischen Praxis

Die Aussagen hinsichtlich der Genehmigungen sind Stand der Veröffentlichung dieses Buches. Für den zukünftigen Hydrotherapeuten ist es ratsam, sich bei Fragen betreffend Genehmigungen immer bei seiner Gemeinde über den aktuellen Stand zu informieren.

Deutschland

Um eine hydrotherapeutische Praxis betreiben zu können, benötigt man in Deutschland keine speziellen Genehmigungen vom Veterinäramt. Es ist trotzdem ratsam, dass sich der Therapeut eine Betriebserlaubnis von der Gemeinde ausstellen lässt. Außerdem sollte bei der Gemeinde nachgefragt werden, ob eine spezielle Genehmigung für den Pool erforderlich ist.

Schweiz

Es gibt unterschiedliche Anforderungen in der Schweiz. In einigen Kantonen reicht eine Betriebserlaubnis der Gemeinde aus, in anderen benötigt der Therapeut zusätzlich noch eine Bewilligung vom Veterinäramt. Welche Bewilligung für welchen Kanton erforderlich ist, kann man unter www.shpv.ch nachlesen oder bei den Ausbildungsstätten erfragen.

Österreich

Eine Stellungnahme der österreichischen Tierärztekammer zur Tierphysiotherapie:

„... Soweit daher Physiotherapie durch Laien zur Anwendung gelangt, kann diese lediglich als Hilfestellung im Rahmen einer durch den Tierarzt vorgenommenen Diagnose und Therapie unter dessen Aufsicht erfolgen ... eine eigenständige Heilbehandlung kann nur durch den Tierarzt erfolgen ... andere Personen, auch solche, die eventuell eine fundierte Ausbildung erfahren haben, können nur als Hilfsperson zur Mithilfe bei der Behandlung herangezogen werden. Eine bloße Überweisung zur Behandlung ist dagegen nicht möglich.“

Sowohl die physiotherapeutische Erstuntersuchung als auch die Aufstellung des Therapieplans muss laut Tierärztegesetz von einem Tierarzt durchgeführt werden. Die physio- oder hydrotherapeutische Behandlung darf nur unter Aufsicht eines Tierarztes von einer so genannten Hilfsperson durchgeführt werden.

Ordinationsrichtlinien für die tierärztliche Praxis wird von der Tierärztekammer Österreich geregelt.

13. Warm-up und Cool-down

Elementare Maßnahmen

Im Humanbereich ist ein gezieltes Aufwärmen vor und ein entspanntes Abkühlen nach jeder sportlichen Anstrengung im Grunde bereits selbstverständlich, um Verletzungen vorzubeugen. Auch bei Hunden sollte auf entsprechende Übungen nicht verzichtet werden, um ein Verletzungsrisiko und / oder Überlastungen von Gelenken, Muskeln, Bändern und Sehnen möglichst gering zu halten. Doch leider kommen noch immer viel zu wenige Vierbeiner in den Genuss eines gezielten Aufwärm- und Abkühlprogramms. Und selbst bei diesen ist nicht automatisch gleich alles im grünen Bereich. Denn es kommt nicht nur darauf an, dass Hunde aufgewärmt und abgekühlt werden, sondern auch wie. Bei falsch absolvierten Übungen oder bei zu lang angesetzten Übungsphasen kann die Wirkung schnell kontraproduktiv sein.

Prinzipiell stellt es für den Hund kein Problem dar, sofort mit voller Power loszurennen – etwa nach dem Sprung aus dem Auto auf die Hundewiese, um mit seinen Kumpels zu spielen und zu rennen. Diese Fähigkeit liegt ihm im Blut, denn seine Vorfahren, die Wölfe, mussten nicht selten von Null auf Hundert durchstarten, um zu jagen oder zu fliehen. Ein derartiges Verhalten wird aber auch in der Natur nur im Notfall angewandt. Normalerweise laufen sich Wölfe vor der Jagd im Rudel zunächst ein, bevor sie gezielt lospreschen.

So kann auch der *Canis lupus familiaris* von einem Aufwärmtraining nur profitieren, um körperlich leistungsfähiger zu sein und ein Verletzungsrisiko zu minimieren. Selbstverständlich gilt das auch fürs Schwimmen. Bevor es ins Wasser geht, sollte ein Hund mit Massagen, passivem Bewegen, sanftem Dehnen oder lockerem Laufen aufgewärmt und am Ende auch wieder abgekühlt werden.

Gründe für Warm-up und Cool-down

- Steigerung der Leistungsfähigkeit
- Steigerung der Leistungsbereitschaft
- Minderung des Verletzungsrisikos
- Vorbeugung vor Überlastungen

Ein Warm-up vor sportlichen Anstrengungen liegt in der Natur des Hundes. Denn im Normalfall laufen sich auch Wölfe vor der Jagd im Rudel erstmal ein, bevor sie durchstarten.

Hunde werden durch ein Aufwärmtraining schneller warm als der Mensch, allerdings sind sie nicht in der Lage, diese Energie lange zu speichern. Dies ist ein Grund, warum ein Warm-up nur Sinn macht, wenn es kurz vor der anstehenden Belastung durchgeführt wird. Prinzipiell fordern dabei kalte Außentemperaturen eine längere Trainingseinheit, bis der Hund sich optimal aufgewärmt hat. Entsprechend kürzer fallen die Übungen bei sehr warmen Temperaturen aus.

Warm-up

Ein Warm-up bildet die Basis für verbesserte neuromuskuläre und organische Prozesse. Es bewirkt eine erhöhte Durchblutung der gesamten Muskulatur und eine Öffnung der Kapillare, um den Gesamtgefäßwiderstand zu senken und die Herzfrequenz bei gleichbleibender Belastung zu reduzieren. Außerdem kommt der Stoffwechsel auf Touren und der Körper somit in eine Art Stand-by-Modus.

Doch das ist bei weitem noch nicht alles.

Auswirkungen

Ein auf den Hund und die bevorstehende Therapie abgestimmtes Aufwärmtraining hat neben der Aktivierung des Stoffwechsels noch viele weitere positive Auswirkungen.

Das Aufwärmen hebt die Körpertemperatur an. Dies wiederum bewirkt einen Anstieg schnellerer Stoffwechselvorgänge. Durch eine höhere Körpertemperatur kommt es außerdem zu einem höheren Energieumsatz – und zwar pro Grad um

Beim Warm-up sollten nicht nur individuell abgestimmte Bewegungen stattfinden, um Verletzungsrisiken zu minimieren, sondern auch diverse Dehntechniken.

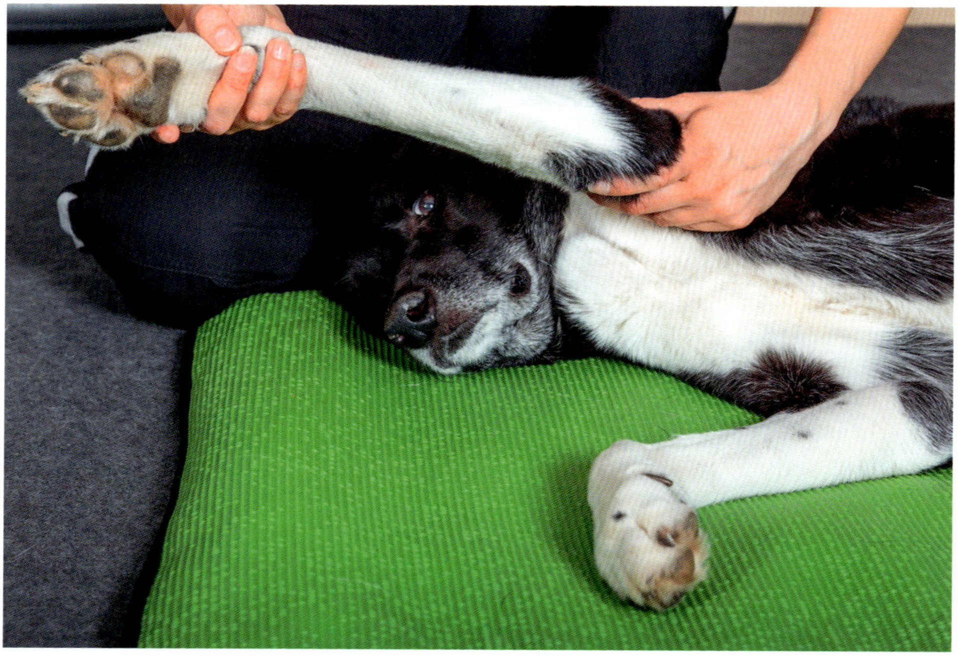

bis zu 15 Prozent. Bei erhöhter Temperatur nimmt die Viskosität der Muskulatur ab. Daraus resultiert eine bessere Dehnungsfähigkeit und Elastizität von Muskeln, Sehnen, Bändern und Faszien. Bei einem aufgewärmten Hund besteht daher ein deutlich geringeres Risiko, einen Muskelfaser- oder Bänderriss zu bekommen.

Die durch das Aufwärmen herabgesetzte Viskosität sowie die erhöhte Elastizität und Dehnfähigkeit der Muskeln führen zur Verbesserung des Zusammenspiels zwischen Nerven und Muskeln. Durch die Aktivierung des Nervensystems arbeiten Rezeptoren und Nervenzellen wesentlich effektiver. Das Resultat: Die Bewegungsabläufe bei aufgewärmten Hunden funktionieren koordinierter und sicherer. Weil auch der Herzmuskel von einem Aufwärmtraining profitiert, kommt das gesamte Herz-Kreislaufsystem in Schwung und die Herzfrequenz ist auf eine bevorstehende Belastung eingestellt.

Zudem wird die Durchblutung der Muskeln angeregt und das Blut zirkuliert insgesamt schneller. Diese Mehrdurchblutung bewirkt eine bessere Versorgung der Skelettmuskulatur. So werden den Muskeln genügend Nährstoffe und Sauerstoff zur Energiebereitstellung geliefert und Kohlendioxid (CO2) kann zügiger abtransportiert werden – was

Das sollte man Sport-, Arbeits- und Diensthunden möglichst ersparen: einen Kreuzbandriss. Gezieltes Warm-up und Cool-down kann dieses Risiko minimieren.

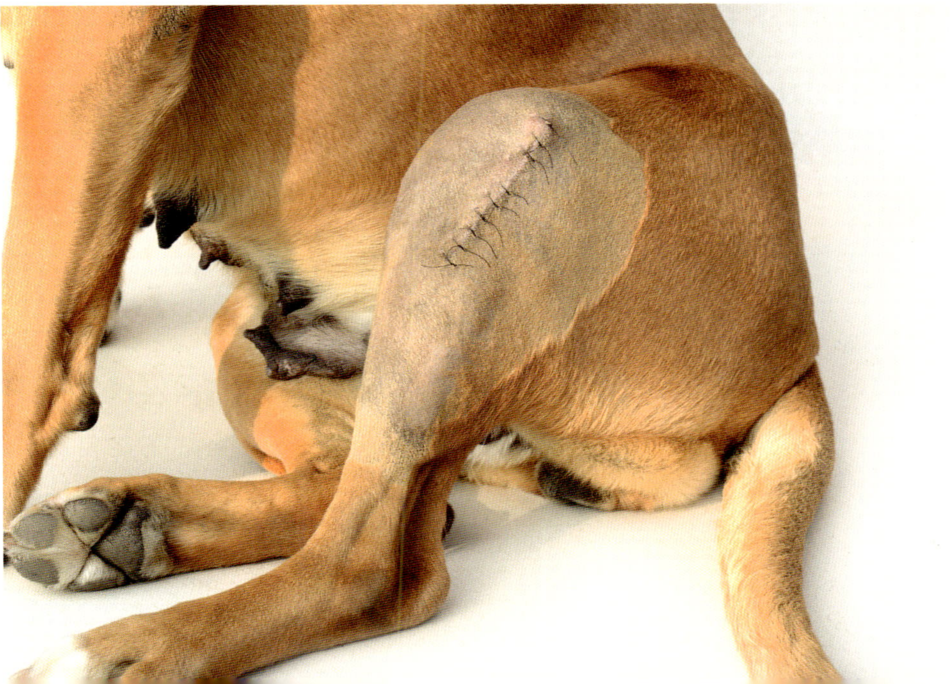

letztlich zu mehr Ausdauerleistungsfähigkeit führt. Sind die Muskeln aufgewärmt, benötigen sie weniger Zeit dafür, sich anzuspannen und zu entspannen. Das hat zur Folge, dass der gesamte Bewegungsablauf schneller möglich ist. Dabei erfolgt bei einem aktiven Warm-up eine weitaus höhere Muskeldurchblutung als bei einer passiven Bewegung durch den Hundephysiotherapeuten.

Durch die Bewegung beim Warm-up wird vermehrt Synovia (Gelenkschmiere) in der Gelenkkapsel abgesondert, die vom hyalinen Gelenkknorpel aufgenommen wird und dessen Oberfläche vergrößert. Damit nimmt die Druckbelastung auf die Gelenke deutlich ab, was wiederum das Verletzungsrisiko verringert.

Das Aufwärmtraining selbst sollte immer auf die nachfolgende Belastung abgestimmt sein. Daher macht es beim Training durchaus einen Unterschied, ob man einen Windhund zum bevorstehenden Rennen aufwärmt oder einen Hundesenior fürs therapeutische Schwimmen. Prinzipiell gilt: Je schnellere Bewegungen und je höhere Belastungen beim Hund eingefordert werden, umso wichtiger ist ein individuell abgestimmtes Aufwärmtraining. Der Hund darf bei einem Warm-up allerdings nie überlastet werden, da ansonsten die Verletzungsrisiken steigen.

Grundsätze für ein optimales Warm-up

- Je älter der Hund, desto länger und vorsichtiger sollte das Warm-up durchgeführt werden.
- Je niedriger die Außentemperaturen sind, umso länger muss die Zeit fürs Aufwärmen sein.
- Dagegen sollte ein Warm-up umso kürzer sein, je wärmer die Umgebung ist.
- Die gesamte Aufwärmzeit sollte 15 Minuten nicht überschreiten.
- Nach dem Ende des Warm-up sollte umgehend mit Therapie oder Training begonnen werden.

Was ein Warm-up bei Hunden bewirkt

- **Durchblutung**

Es kommt zu einer besseren Durchblutung der Muskulatur und der Körper stellt sich auf bevorstehende Aktivitäten ein.

- **Muskeln**

Die besser durchbluteten Muskeln sind leistungsfähiger und weniger anfällig für Verletzungen wie Zerrungen oder Risse.

- **Blutdruck**

Der arterielle Druck steigt an, was bedeutet, dass das Blut schneller durch die Gefäße fließt und damit die Versorgung der beanspruchten Muskeln optimiert wird.

- **Herz-Kreislaufsystem**

Durch den schnelleren Herzschlag wird vermehrt Blut durch den ganzen Körper gepumpt. Das hat zur Folge, dass aktive Muskelgruppen mit mehr Nährstoffen und Sauerstoff beliefert und Stoffwechsel-Abfallprodukte besser entsorgt werden, was wiederum eine Übersäuerung der Muskulatur verhindert.

- **Atmung**

Der Hund atmet schneller und tiefer ein und aus. Dadurch bekommt er mehr Sauerstoff und kann so den erhöhten Bedarf decken.

- **Nervensystem**

Das Zusammenspiel von Nerven und Muskeln wird optimiert, der Energiebedarf sinkt und die Reaktionsgeschwindigkeit steigt.

- **Körpertemperatur**

Durch die erhöhte Körpertemperatur laufen alle physiologischen Reaktionen effektiver ab.

- **Gelenke, Bänder, Sehnen**

Die Produktion von Synovia (Gelenkflüssigkeit) steigt, der Gelenkknorpel nimmt an Volumen zu und die Gelenke halten Belastungen besser stand. Sehnen und Bänder werden aufgrund der erhöhten Körpertemperatur elastischer.

- **Psyche**

Konzentrations- und Wahrnehmungsfähigkeit werden verbessert. Hunde können daher schneller reagieren, mögliche Verletzungsgefahren besser erkennen und vermeiden. Ein optimales Aufwärmen erhöht zudem die Motivation für die bevorstehende körperliche Belastung, hilft gegen innere Verspannungen und baut Stress und Nervosität ab.

Ablauf

Optimalerweise besteht ein Warm-up aus zwei Sequenzen: Dem allgemeinen Aufwärmen, das unabhängig von bevorstehenden körperlichen Anstrengungen immer gleich abläuft, und dem spezifischen Aufwärmen, das den Hund gezielt auf die zu erwartende Belastung im Training oder in der Therapie vorbereitet.

Das allgemeine Warm-up dient vor allem dazu, die Körpertemperatur, den Muskelstoffwechsel, sowie die Herz- und Atemfrequenz zu erhöhen. Es hat allerdings nicht nur positive Auswirkungen auf die Physis des Hundes, sondern auch auf dessen Psyche. Neben einer erhöhten Aufmerksamkeit kann es zudem den Stresslevel dämpfen und so negative Empfindungen beeinflussen.

Die Erhöhung von Körpertemperatur und Stoffwechselaktivität wird am besten durch ein gemeinsames Einlaufen mit dem Hund im Trab erreicht. Die Zeit sollte dabei zehn Minuten keinesfalls überschreiten und in jedem Fall der Außentemperatur angepasst sein. Ein aktives Bewegungsdehnen ist im Gegensatz zum passiven Bewegen nach heutigen Erkenntnissen wesentlich effektiver. Zum einen wird die Muskelaktivität verbessert, ohne den Spannungszustand herabzusetzen, zum anderen kann eine Überdehnung beim Hund nicht stattfinden, wenn er sich selbst bewegt. Wenn der Hund sich allerdings kaum noch bewegen oder gar nicht mehr gehen kann, haben auch passive Dehnübungen ihre Berechtigung. Auch damit lässt sich die Elastizität der Muskeln verbessern.

Übungen zum aktiven Bewegungsdehnen

- Strecken der Vorderbeine und des Rückens in Vorderkörper-Tiefstellung („Diener")
- Pfote geben nach vorne oben (Streckung der Vorderbeine)
- Aktive Seitwärtsbiegung der Wirbelsäule: Der Hund sitzt oder steht und wird mit Hilfe eines Leckerchens dazu gebracht, den Kopf jeweils zur Schulter (Dehnung der Halswirbelsäule) und zum Oberschenkel (Dehnung der gesamten Wirbelsäule) zu beugen.
- Beinslalom und Drehungen auf der Stelle („Turn")

Traben ist ein guter Einstieg zum Warm-up. Die Körpertemperatur steigt und der Stoffwechsel wird aktiviert.

Allgemeine Aufwärmübungen bestehen neben aktiven Bewegungen noch aus diversen Massagen und Dehnungen. Letztere haben nicht nur den Zweck, die Muskulatur zu lockern und das Bewusstsein des Hundes für den eigenen Körper zu verbessern, sondern auch, die Bindung zwischen Hund und Besitzer zu fördern. Dazu gehören oberflächliche und tiefe Streichungen, Knetungen, Walkungen und dynamisches Dehnen.

Die Streichung ist der für Hunde angenehmste Handgriff einer Massage und trägt viel zur Entspannung bei. Der Hund liegt auf der Seite und wird mit den flachen Händen von der Schnauze über den Hals am Körper entlang bis zur Schwanzspitze ausgestrichen. Im Anschluss erfolgt die Streichung über Schnauze, Hals und Vordergliedmaßen und anschließend von der Schnauze über den Hals am Körper entlang bis zu den Pfoten der Hintergliedmaße.

Streichungen sind für Hunde sehr angenehm und tragen viel zur Entspannung bei.

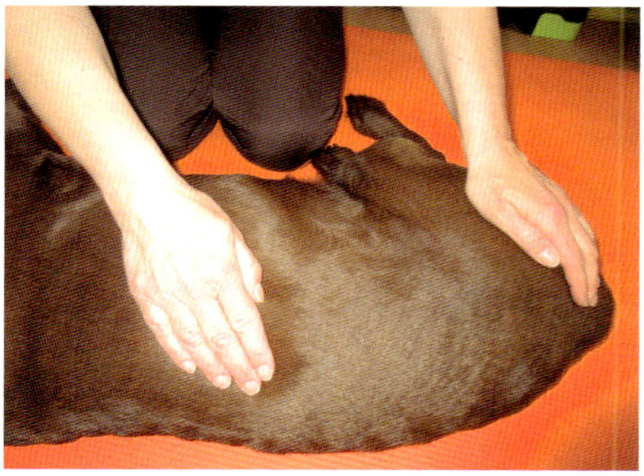

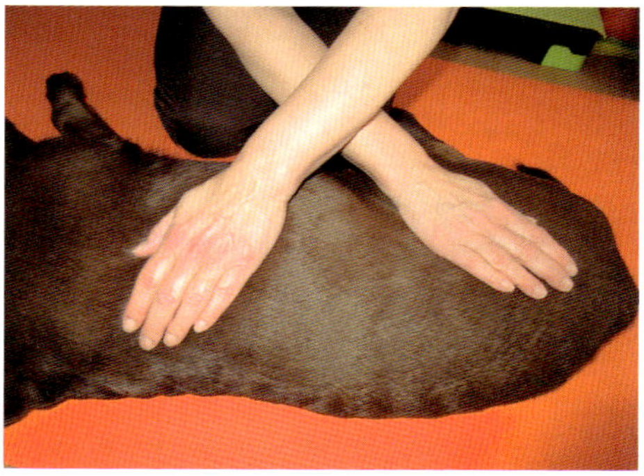

Knetungen und Walkungen wirken auf die Muskulatur und das Unterhautbindegewebe und verbessern gleichzeitig die Durchblutung. Dabei wird die Haut und die Muskulatur entweder zwischen Daumen, Zeige- und Mittelfinger genommen oder mit beiden Händen gefasst und geknetet beziehungsweise gewalkt. Bei der Knetung wird die Wirkung auf die Muskulatur von den Händen erzeugt, bei der Walkung geschieht dies durch den Druck des Muskels auf die darunter liegenden Knochen.

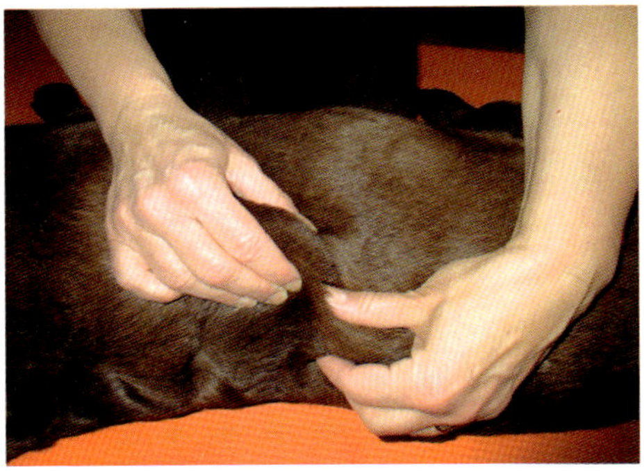

Knetungen wirken auf Muskulatur und Unterhautbindegewebe ein. Gleichzeitig wird die Durchblutung verbessert.

Durch Dehntechniken lässt sich langfristig die Beweglichkeit verbessern, so lange keine anatomische, strukturelle Muskelverkürzung vorliegt. Beim dynamischen Dehnen wird der Dehnungsreiz dabei mittels schwunghafter Bewegungen durch die Kraft des jeweiligen Antagonisten (Gegenspielers) hervorgerufen. Dadurch wird das betroffene Muskelgewebe optimal aktiviert und zudem die intermuskuläre Koordination geschult. Um Verletzungen und Fehlbelastungen zu vermeiden, müssen die Übungen kontrolliert und mit voller Aufmerksamkeit durchgeführt werden. Die Bewegung darf zu keinem Zeitpunkt als Schmerz wahrgenommen werden.

Im Gegensatz zum allgemeinen besteht das spezielle Aufwärmen aus Übungen, den Moving Preparations, die der anstehenden Belastung ähneln, aber weniger intensiv oder weniger schnell ausgeführt werden. Eine optimale Richtschnur wären hier 50 bis 60 Prozent der zu erwartenden Belastung.

Die Moving Preparations können etwa in Form von Sprüngen über niedrige Hindernisse stattfinden. Zudem sollten auch solche Übungen zur Anwendung kommen, die den Rumpf stabilisieren. Denn nur Hunde, deren Rumpf stabil ist, können schnelle, gezielte, und motorisch anspruchsvolle Bewegungen mit den Extremitäten ausführen. In Frage kämen dabei so genannte isometrische Übungen oder das Männchen-Machen, das gezielt die Rückenmuskulatur trainiert. Länger als fünf Minuten sollten Moving Preparations nicht dauern.

Beendet wird das Aufwärmen idealerweise mit zwei bis vier Steigerungsläufen.

Wie der Ablauf bei einem Warm-up aussehen könnte

• ***Gehen mit dem Hund***	etwa zwei Minuten
• ***Traben mit dem Hund***	etwa zwei Minuten
• ***Oberflächliche Streichungen***	zwei Mal
• ***Tiefe Streichung***	zwei Mal
• ***Kneten / Walken***	ein Mal
• ***Dynamisches Dehnen***	drei Wiederholungen
• ***Moving Preparations***	etwa fünf Minuten
• ***Steigerungsläufe***	zwei bis vier

Cool-down

Während einer anstrengenden Betätigung laufen im Körper des Hundes verschiedene Zellprozesse ab. Das Herz pumpt schneller, es wird mehr Sauerstoff zu den Muskeln transportiert, Milchsäure und Kohlendioxid werden gebildet. Der beste Weg, um danach das physiologische Gleichgewicht im Körper wiederherzustellen, ist ein kurzes Cool-down. Denn ist die Körpertemperatur erst wieder im normalen Bereich, kommt es insgesamt zu einer schnelleren Regenerationszeit, womit sich das Risiko von Überlastungsschäden deutlich reduzieren lässt.

Auswirkungen

Durch das Cool-down werden angefallene Stoffwechselendprodukte – wie etwa das Lactat – aus dem Körper leichter entfernt, die Herz- und Atemfrequenz werden wieder normalisiert und die Körpertemperatur allmählich heruntergefahren. Dadurch kann die Muskulatur besser entspannen und der Blutdruck langsam sinken.

Was ein Cool-down bei Hunden bewirkt

Muskulatur

- Die verspannte und ermüdete Muskulatur wird gelockert.
- Die kurzfristige Verkürzung des Muskels wird aufgehoben und er erhält seine normale Länge zurück.
- Der Rückstrom von verbrauchtem, sauerstoffarmem Blut aus der Muskulatur zum Herzen wird aufrechterhalten.
- Der Abtransport von Lactat (Milchsäure) wird beschleunigt.

Herz-Kreislaufsystem

- Die normale Pulsfrequenz kommt zurück.
- Atmung, Blutdruck und Körpertemperatur regulieren sich auf Normalwerte.

Nervensystem

- Schnellere Umstellung vom sympathischen auf das parasympathische Nervensystem, was zu einer Stressreduktion führt.

Ablauf

Auch beim Cool-down gibt es zwei Phasen: die aktive Erholung und die Regeneration. Durch ruhiges Traben oder Gehen direkt nach der körperlichen Belastung wird der Rückstrom des verbrauchten Blutes aus der Muskulatur zum Herzen aufrechterhalten und der Abtransport der Schlackenstoffe gewährleistet. Für die Lockerungsübungen eignen sich im Grunde genommen die gleichen Übungen, die schon beim Warm-up durchgeführt worden sind.

Im Anschluss an die aktiven Erholungsübungen helfen passive Dehnübungen und eine Massage dabei, Verspannungen abzubauen und Muskelverkürzungen vorzubeugen. Diese Regenerationsphase beinhaltet Massagen zur Lockerung der

Muskulatur, das Warmhalten des Hundes bei niedrigen Außentemperaturen (etwa mittels Rotlicht), ausreichende Flüssigkeitszufuhr und statisches Dehnen.

Beim statischen Dehnen werden die beanspruchten Muskelgruppen passiv in eine dehnende Stellung gebracht und in dieser Position wiederholt jeweils zehn bis 20 Sekunden gehalten.

Die Dauer des Abkühlens sollte in etwa so viel Zeit in Anspruch nehmen wie das Aufwärmen. Nach 15 Minuten müsste ein gesunder Hund wieder normale Kreislaufwerte erreicht haben. Um das festzustellen, überprüft man am besten vor und nach der körperlichen Belastung Atem- und Pulsfrequenz und vergleicht die Werte. Je fitter der Hund ist, umso schneller erreicht er auch wieder seine Normalwerte.

Wie der Ablauf bei einem Cool-down aussehen könnte

- ***Spezifische Übungen*** etwa fünf Minuten
- ***Gehen*** etwa fünf Minuten
- ***Massage des gesamten Körpers***
- ***Statisches Dehnen der Gliedmaßen***
- ***Ausreichende Flüssigkeitszufuhr***

Risikogruppe

Sport- oder Arbeitshunde haben bei ihren Einsätzen ein weitaus höheres Risiko, Verletzungen davonzutragen, wenn sie vorher nicht aufgewärmt werden und danach keine Möglichkeit zur Regeneration haben.

So sind bei Agility aufgrund der zahlreichen und abrupten Richtungswechsel Verletzungen am häufigsten im Bereich der Vordergliedmaßen anzutreffen.

Meist sind die Zehengelenke betroffen. Zudem können Seitenbänder reißen und Zehen aus ihrer korrekten Position bringen. Nicht auszuschließen sind auch Schulterprellungen, wenn es zur Kollision mit einem Hindernis kommt. Gefährdet sind dabei allerdings eher Hunderassen wie Border Collie und Malinois, die dem Sport besonders ehrgeizig nachgehen.

Bei Schutzhunden kommt es vorrangig im Kieferbereich und an der Wirbelsäule zu Verletzungen, weil sie mit hoher Geschwindigkeit auf den Schutzdiensthelfer prallen. Unter ihnen ist vor allem der schnelle Malinois gefährdet, da er beim Aufprall oftmals den Rücken charakteristisch ausdreht. Mancher der äußerst durchtrainierten Vierbeiner bekommt deshalb im Alter zwischen vier und sechs Jahren einen Bandscheibenvorfall oder leidet unter dem Cauda-Equina-Kompressionssyndrom.

Bei Schutzhunden sind vor allem der Kieferbereich und die Wirbelsäule verletzungsgefährdet.

Bei Schlittenhunde wiederum ergeben sich überwiegend Probleme an den Pfoten, verursacht durch die stundenlange Reibung auf dem Schnee. Exponiert ist zudem der Schulterbereich aufgrund der hohen Geschwindigkeiten, die die Hunde leisten müssen. Durch den Zug des Schlittens kommt es oft zu Rückenbeschwerden wie Spondylose. Auch Belastungsbrüche entstehen nicht selten bei den langen Trainingseinheiten und den vielen Wettkämpfen unter widrigen Bedingungen. Zudem kommt es immer wieder zu Stauchungen, wenn Hunde mit rasantem Tempo neben die hart präparierten Pisten gelangen und in den weichen Schnee am Rande treten.

Durch stundenlanges Rennen auf dem Schnee existieren bei Schlittenhunden in erster Linie Probleme mit den Pfoten.

Während der Rennen kommt es bei Windhunden in der Regel zur Übersäuerung der Muskeln, was durch einen brennenden Schmerz spürbar wird. Außerdem sinken bei solchen Belastungsintensitäten die Durchblutung und die Sauerstoffversorgung auf einen suboptimalen Bereich ab. Diese extremen Belastungen können zu muskulären Problemen führen. Anfällig für Verletzungen sind auch die Zehen.

Entstehungen von Muskelproblemen sind bei Windhundrennen leider gang und gäbe. Die größte Verletzungsgefahr birgt dabei das Coursing.

Ein weiteres Verletzungsrisiko liegt bei Windhunden auf der linken Innenseite. Das hängt damit zusammen, dass bei Hunderennen immer gegen den Uhrzeigersinn gerannt wird und folglich die Hauptbelastung auf der linken Innenseite liegt. Im schlimmsten Fall kann das zu Ermüdungsfrakturen führen. Das so genannte Coursing (Simulation einer Sichthetzjagd) birgt für Windhunde aber mit Abstand die größte Verletzungsgefahr. Aufgrund der abrupten Bewegungen, wenn der Köder vermeintliche Haken schlägt, sind selbst Frakturen nicht ausgeschlossen.

Akute Sportverletzungen

Muskelrisse und Muskelzerrungen

- meist bei sehr muskulären Hunden
- entstehen zu Beginn der Trainingseinheit in der Kaltphase, Muskel reißt leicht ein und schwillt dann an

Knochenbrüche

- eher selten
- bei Sprüngen
- bei Extremkurven
- Gefahr von Sekundärverletzungen

Bänderriss

- Die häufigste Bandruptur beim Hund ist der Riss des vorderen Kreuzbandes im Kniegelenk. Neben degenerativen Veränderungen am Kreuzband spielen hierbei vor allem Traumata eine große Rolle.

Aufgrund der zahlreichen, positiven Auswirkungen eines gezielten Aufwärm- und Abkühlungstrainings sollten Warm-up- und Cool-down-Übungen zum Pflichtprogramm vor jeder größeren Bewegungsbelastung gehören – selbst dann, wenn mit einem Hund in der Freizeit lediglich Ball auf der Wiese gespielt wird.

14. Mobilität im Alter

Im Vergleich zum Menschen altern Hunde zwar relativ schnell, nichtsdestotrotz ist auch beim Hund das Älterwerden ein schleichender Prozess. In dieser Übergangsphase vom erwachsenen Hund zum Senior treten diverse Veränderungen auf. Am auffälligsten dürfte sein, dass der Hund weniger Aktivität zeigt, denn wie der Mensch hat er weniger Energie als noch in jungen Jahren. Zudem verändert sich durch die geringere Bewegung der Stoffwechsel, was wiederum zu Gewichtsveränderungen führen kann, und die Leistung des Immunsystems sowie autoimmune Reaktionen nehmen zu.

Auch beim Hund ist das Älterwerden ein schleichender Prozess, den man meist zuerst an den grauen Haaren erkennt.

Meist sieht man auch an grauen Haaren, dass der Alterungsprozess beginnt. Außerdem lassen sich dünnere, ja regelrecht knochige Gliedmaßen feststellen, wenn sich Muskelatrophien an den Extremitäten bilden. Der Hund kann sich nicht mehr so schwungvoll fortbewegen. Dabei ist anzumerken, dass sich die Muskulatur langsamer abbaut, je stärker sie vorher war.

Als Folge vermehrter Funktionsverluste und fortschreitender, degenerativer Veränderungen des Körpers kommt es beim Hund zu typischen Alterskrankheiten. Unter anderem sind das Erkrankungen der Zähne, Herzprobleme und Nierenkrankheiten. Aber auch Diabetes, Arthrose, Bandscheibenprobleme, Krebs und geistige Fehlfunktionen können älteren Hunden zu schaffen machen.

Mögliche Krankheitssymptome alter Hunde

- zunehmendes Durstgefühl
- vermehrtes Wasserlassen
- starker Mundgeruch
- Probleme beim Treppensteigen oder Hochspringen
- erhöhte Steifigkeit
- außergewöhnliches Humpeln
- unverhältnismäßiges Hecheln
- übermäßiges Bellen
- Verwirrung und / oder Orientierungsprobleme
- Veränderungen von Haut und / oder Fell

Liegt eines dieser Symptome vor, sollte der Hund einem Tierarzt vorgestellt werden.

Bei den meisten Hunden beginnt das Alter mit etwa sieben Jahren. Dies kann je nach Rasse und Gesundheitszustand allerdings variieren. Lebensbedingungen wie Fütterung, Haltung und Psyche spielen ebenfalls eine Rolle. In der Regel aber lässt sich sagen, dass große Hunde schneller altern als kleine.

Alter des Hundes	*Alter in Menschenjahren*		
	klein bis 15kg	mittel 15 - 45kg	groß ü- 45kg
0,5	15	10	8
1	20	18	14
1,5	24	21	18
2	28	27	22
3	32	33	31
4	36	39	40
5	40	45	49
6	44	51	58
7	48	57	67
8	52	63	76
9	56	69	85

Alter des Hundes	*Alter in Menschenjahren*		
	klein bis 15kg	mittel 15 - 45kg	groß ü- 45kg
10	60	75	94
11	64	80	100
12	68	85	
13	72	90	
14	76	95	
15	80	100	
16	84		
17	88		
18	92		
19	96		
20	100		

Der geriatrische Hundepatient

Unter Geriatrie versteht man die Lehre von den Krankheiten des alternden Menschen beziehungsweise auch des alternden Tieres. Tiergeriatrie umfasst daher auch das Älterwerden von Hunden. Mit ihrer Hilfe sollen Krankheiten durch spezielle Maßnahmen frühzeitig erkannt, behandelt oder bestenfalls verhindert werden. Als geriatrischer Patient gilt ein Hund, wenn entweder geriatrietypische zahlreiche Erkrankungen (Multimorbidität) vorliegen oder das Lebensalter entsprechend hoch ist.

Anzeichen für das Altern eines Hundes

- graue Haare (Schnauze, Augen und Pfoten)
- Muskelatrophie
- Zunahme von Körperfett
- nachlassende Funktion der Sinnesorgane (Ohr, Auge, Nase)
- Verlangsamung des Stoffwechsels
- Verdauungsprobleme
- Abnahme motorischer Fähigkeiten
- gestörter Gleichgewichtssinn
- Abnahme der Bewegungs- und Spielfreudigkeit
- Zunahme des Ruhe- und Schlafbedürfnisses
- Zunahme des allgemeinen Krankheitsrisikos
- mangelnder Appetit
- Erhöhung der Stressanfälligkeit
- Abbau der allgemeinen Konstitution
- plötzliche Ängstlichkeit und Reizbarkeit
- längere Rekonvaleszenz nach Krankheiten

Das Altern geht auch einher mit der Einschränkung der Funktionen aller Organe. Das bedeutet, dass die Leistung des Körpers abbaut und die Fähigkeit, das Gleichgewicht der Körperfunktionen aufrecht zu erhalten, nachlässt. Dadurch können früher oder später altersbedingte Krankheiten auftreten, wie etwa kardiovaskuläre Krankheiten, hormonelle Erkrankungen (Diabetes mellitus, Schilddrüsendysfunktionen, Cushing-Syndrom), Magen- / Darmerkrankungen, neurologische Probleme (degenerative Myelopathie, geriatrisches Vestibularsyndrom), Nieren- und Lebererkrankungen, Harninkontinenz, degenerative Gelenkprobleme, Zahn- und Zahnfleischprobleme, Bandscheibenabnutzungen oder -erkrankungen, Tumorerkrankungen oder chronische Erkrankungen der Lunge.

Physische Mobilität

Bewegungstherapien wie das therapeutische Schwimmen können Hundesenioren das Leben erheblich erleichtern. Denn mit zunehmender Inaktivität – kürzere Spaziergänge, weniger Galopp, statisches Spielen – schwinden Kondition und Muskeln. Auch Gelenke werden weniger bewegt, so dass sie mit der Zeit immer steifer werden. Es ist ein schleichender Prozess, der einsetzt, noch bevor er offensichtlich wird.

Maßnahmen wie etwa passives Bewegen, isometrische Übungen, verschiedene Elektrotherapien und nicht zuletzt und vor allem das therapeutische Schwimmen können Alterungsprozesse deutlich verlangsamen und so den Hund länger fit halten. Außerdem werden dadurch Schmerzen gelindert, Nervenfunktionen verbessert, die Muskulatur stabilisiert und weiterem Muskelschwund vorgebeugt. Parallel dazu werden Koordination, Gleichgewicht und Bewegungsablauf geschult.

Ältere Hunde werden vor allem auf Grund von Gelenk-, Muskel- und Nervenbeschwerden vorgestellt. Der Therapeut sollte sich jedoch vor der Behandlung immer einen Gesamtüberblick verschaffen, da Symptome oftmals verschiedene Ursachen haben können. So sind etwa Bewegungsunlust oder ein zunehmendes Schlafbedürfnis keine klaren Anzeichen einer bestimmten Erkrankung, sondern Begleiterscheinungen von diversen Erkrankungen. Da eben gerade alte Hunde vermehrt unter Multimorbidität leiden, ist es bei der Anamnese besonders wichtig, genau hinzusehen. Für einen Behandlungserfolg sollte der Therapeut Hand in Hand mit dem Tierarzt zusammenarbeiten und ihm auch mitteilen, was ihm aufgefallen ist, um eventuell weitere Untersuchungen zu veranlassen. Denn letztlich verfolgen beide dasselbe Ziel: die Verbesserung der Lebensqualität des Hundes.

Wer rastet, der rostet. Ein Hund, der sein Leben lang aktiv war, sollte auch im Alter nicht auf (adäquate) Bewegung und (wohldosiertes) Spielen verzichten müssen.

Psychische Mobilität

Alte Hunde brauchen wie alte Menschen neben körperlichen auch geistige Beschäftigungen, die sie in Maßen fordern und fördern, um möglichst lange fit zu bleiben. Das verzögert nicht nur den Alterungsprozess, sondern enthält auch die Lebensqualität. Gerade geistige Beschäftigung und Erfolgserlebnisse können die Lebenserwartung erhöhen und schärfen zudem noch die Sinne.

Viele Hunde lieben es, bis ins hohe Alter, Neues zu lernen oder kleine Aufgaben zu lösen, Dinge zu suchen oder herumzutragen. So individuell Hunde sind, so individuell sind auch ihre Vorlieben und Begabungen. Daher sollte man die Herausforderungen jeweils den Interessen, dem körperlichen Zustand und der psychischen Verfassung des Hundes anpassen.

Auch graue Schnauzen möchten noch etwas erleben. Deshalb ist es gut, wenn ihnen die Möglichkeit gegeben wird, ab und an für sie vollkommen neue Wege zu gehen – wenn es ihr gesundheitlicher Zustand zulässt. Dadurch nehmen sie oftmals wieder besser ihre Umgebung wahr und leben richtiggehend auf. Wenn auf diesen Spaziergängen auch noch ein wenig Nasenarbeit dazukommt, indem beispielsweise Leckerlis versteckt werden, die sie erschnüffeln müssen, steigert das ihre Lebensfreude ungemein. Übrigens lässt sich auch mit immobilen Hunden Nasenarbeit betreiben. Dafür gibt es im Fachhandel jede Menge so genannter Intelligenzspielzeuge.

Die Beschäftigung mit so genannten Intelligenzspielzeugen ist für alte und immobile Hunde eine schöne Abwechslung im Seniorenalltag.

Noch einen Tick anstrengender ist die Fährtenarbeit. Aber auch sie ist durchaus für ältere Hunde geeignet. Denn diese Art der Beschäftigung liegt in der Natur vieler Hunde. Hier geht es nicht um Schnelligkeit, sondern um Konzentration und Genauigkeit beim Einsatz der Nase. Weil Hunde sich bei der Spurensuche voll und ganz auf die Fährte konzentrieren müssen, sind sie danach, auch ohne viel gelaufen zu sein, ausgepowert. Denn der intensive Einsatz der Nase ist anstrengend. Aus diesem Grund sollte die Suche wieder dem Hund individuell angepasst werden – wie im Übrigen auch der Untergrund, auf dem das Fährtenspiel stattfindet.

Fährtenarbeit ist ideal für graue Schnauzen, da sie sich dabei schnell auspowern, ohne viel laufen zu müssen.

Allerdings sollte man geistige Beschäftigungen bei einem Hundesenior nicht übertreiben, denn seine Konzentration lässt schneller nach als in jüngeren Jahren. Deswegen müssen Übungseinheiten kürzer gehalten und dazwischen immer wieder Pausen eingelegt werden. Das Wichtigste ist, dass ihm die Beschäftigung Freude macht und er Erfolgserlebnisse hat. Das bedeutet aber auch, dass man mit den Übungen aufhören sollte, solange der Hundesenior noch Spaß daran hat.

Worauf bei Hundesenioren zu achten ist

- gesunde Ernährung, abgestimmt auf Alter, Bewegungsdrang und eventuelle Erkrankungen
- Vermeiden von Übergewicht
- individuell angepasste Bewegung und geeignete Kopfarbeit
- regelmäßige Tierarztbesuche, um Krankheiten frühzeitig zu erkennen und zu behandeln

15. Schmerzpatient Hund

Die Definition von Schmerz ist nach der Weltschmerzorganisation IASP (International Association for the Study of Pain) „ein unangenehmes Sinnes- und Gefühlserlebnis, das mit tatsächlichen oder potenziellen Gewebeschäden verbunden ist".

Schmerz für sich allein gesehen ist überlebenswichtig. Er dient als Warnsignal und hat die Aufgabe, den Körper vor drohenden Verletzungen oder Gewebeschädigungen zu schützen. In der Regel geht dem Schmerz ein Reiz voraus, der lokal und zeitlich begrenzt ist.

In diesem Fall spricht man von akutem Schmerz.

Bleiben Schmerzen aber über einen langen Zeitraum bestehen und können nicht mehr mit einem bestimmten Auslöser in Verbindung gebracht werden, verselbstständigt sich der Schmerz und wird zur Qual für den betroffenen Hund. Dann spricht man von chronischem Schmerz.

Während akuter Schmerz eine Warnfunktion für den Organismus ist, werden die verschiedenen Arten chronischer Schmerzen als eigenständige Erkrankungen gesehen.

Wie Schmerzen entstehen

In Haut, Muskeln, Gelenken und Organen befinden sich verzweigte Enden von Nervenfasern, die so genannten Nozizeptoren. Diese Schmerzrezeptoren können physikalisch durch Dehnung und Druck, thermisch durch Temperatur oder chemisch durch Entzündungsbotenstoffe gereizt werden. Erfolgt ein Reiz, setzt der Körper im betroffenen Gewebe körpereigene Stoffe frei – und zwar Schmerzmediatoren wie etwa Histamin und Serotonin. Zusätzlich steigern weitere Substanzen wie Prostaglandine (Gewebshormone) die Empfindsamkeit der bereits aktivierten Nozizeptoren, was zur Folge hat, dass weitere Schmerzmediatoren gebildet werden. Zwar versucht der Körper mit den im

Gehirn gebildeten Endorphinen diesen Prozess zu verlangsamen oder gar zu beenden. Doch meist gelingt das nicht, und der Schmerz nimmt an Intensität zu.

Gelangt der Schmerzreiz schließlich zum Gehirn, wird er vom Hund wahrgenommen. Die Reaktion des Körpers besteht dann meist aus motorischen Reflexen wie beispielsweise geweiteten Pupillen oder aus unbewussten Reaktionen wie etwa Hecheln. Wie stark der Schmerz gespürt wird, ist abhängig von verschiedenen Einflüssen und letztlich auch ganz individuell. Denn Lebensumstände wie Haltung, Ernährung oder traumatische Erlebnisse lassen Hunde Ängste, Stress und Freude verschieden empfinden und haben Einfluss darauf, ob sie Schmerzen mehr oder weniger stark wahrnehmen.

Reaktionen des Körpers auf einen Schmerzreiz können unterschiedlich sein. So kann auch Hecheln ein Hinweis sein, dass der Hund unter Schmerzen leidet.

Im Normalfall ertragen kleine Hunde Schmerzen besser als ihre großen Artgenossen. Doch bestätigt auch hier die Ausnahme die Regel. Geschlechtsspezifische Unterschiede gibt es allerdings sehr wohl. So ertragen Hündinnen mehr Schmerz als Rüden. Zudem ist am Nachmittag das Schmerzempfinden niedriger als vormittags. Und auch Umwelteinflüsse können sich auf ein Schmerzempfinden auswirken – etwa Kälte bei Arthrose.

Jedes Lebewesen hat sein ganz individuelles Schmerzempfinden. Schmerz geht dabei immer mit Angst und Stress einher. Werden Stress und Angst vermieden beziehungsweise verringert, lässt sich auch die Schmerzschwelle anheben.

Akuter Schmerz

Der akute, also der plötzlich auftretende Schmerz hat in der Regel eine klar erkennbare Ursache. Für den Körper fungiert er als eine Art Warnsystem, wie etwa beim Schnuppern an einer brennenden Kerze. Denn in Gefahrensituationen lösen Schmerzen einen Schutzreflex aus. Kommt der Hund mit seiner Schnauze zu nah an die Kerze, aktiviert das nicht nur die Wärmerezeptoren auf der Haut, sondern auch die Schmerzrezeptoren. Diese signalisieren, den Kopf schleunigst von der heißen Flamme zu entfernen, um schwerere Verletzungen wie Verbrennungen zu vermeiden.

Akuter Schmerz macht darauf aufmerksam, dass irgendwo im Körper etwas nicht stimmt. So deutet er auf Reizungen, Wunden oder Entzündungen hin. Zudem wird akuter Schmerz nur dort empfunden, wo die Verletzung erfolgte, ist also lokalisierbar. Bei einem Kreuzbandriss schmerzt ausschließlich die betroffene Hinterhand. Die Intensität des Schmerzes hängt dabei meist vom Ausmaß der Verletzung ab. So wird ein Bruch immer mehr schmerzen als eine leichte Prellung. Das Entscheidende beim akuten Schmerz ist aber, dass er wieder verschwindet, sobald die Ursache geheilt oder beseitigt worden ist.

Darüber hinaus überdeckt der akute Schmerz einen chronischen. Bei einer akuten Lahmheit der Vordergliedmaße, die durch Überbelastung entstanden ist, kann der Hund einen chronischen Schmerz im Becken-/Lendenwirbelbereich zunächst vollkommen ausschalten. Ist der akute Schmerz allerdings behoben, wird der chronische Schmerz wieder empfunden.

Ein akuter Schmerz verschwindet, wenn die Ursache erfolgreich behandelt oder beseitigt worden ist.

Chronischer Schmerz

Chronischer Schmerz kann ebenfalls die Folge eines Gewebeschadens sein, etwa bei chronischen Erkrankungen und Entzündungen wie Arthrose oder Krebs. Von chronischem Schmerz spricht man, wenn ein Schmerz bereits seit drei Monaten besteht und den Hund physisch (Einschränkung oder Verlust von Mobilität und / oder Funktion), psychisch-kognitiv (Stimmungslage, weniger Lebensfreude) und sozial (Verhaltensänderungen) beeinträchtigt.

Chronische Schmerzen lassen sich beim Hund nur durch genaue Beobachtungen erkennen, da sie oftmals Monate oder Jahre anhalten und sich ein Verhalten nur schleichend verändert. Wie die Reaktion auf einen lang anhaltenden Schmerzreiz ausfällt, ist abhängig von der individuellen Schmerztoleranzschwelle. Je länger Schmerzen allerdings andauern, desto schlimmer werden sie empfunden. Wie stark Hunde subjektiv einen Schmerz tatsächlich fühlen, lässt sich an ihren Reaktionen lediglich erahnen. In jedem Fall müssen Hunde mit chronischen Schmerzen beim Tierarzt vorgestellt werden, um ihre Leiden zunächst mit Schmerzmitteln zu lindern und dadurch ihre Lebensqualität zu verbessern – falls Art und Schwere der Erkrankung dies noch zulassen.

Eine frühzeitige Gabe von Medikamenten verhindert darüber hinaus das Auftreten des so genannten Schmerzgedächtnisses, das heißt, der Schmerz hat sich bereits im zentralen Nervensystem (ZNS) verfestigt. Das Nervensystem ist durch die ständigen Schmerzreize des Körpers überempfindlich geworden und reagiert selbst auf harmlose Reize wie etwa Streicheln mit Schmerzsignalen. Ist das der Fall, wird eine Behandlung des Hundes kompliziert.

Bei chronischen Schmerzpatienten ist vor der Behandlung eine gründliche Untersuchung zwingend notwendig. Hier sollte eine sorgfältige Beobachtung des Hundes in Ruhe und Bewegung stattfinden sowie eine akribische und systematische manuelle Ganzkörperuntersuchung bis hin zur gezielten weiterführenden Diagnostik (mit Hilfe von bildgebenden Verfahren und / oder Laboruntersuchungen) erfolgen. Durch verstärkte und wiederholte Bewegung sowie durch gründliches Abtasten (Palpation) der Triggerpunkte wird versucht, den latenten Schmerz wieder hervorzurufen, um dann eine sichere Diagnose erstellen zu können.

Zu bedenken ist, dass Schmerzen durch die Einnahme von Analgetika (schmerzstillende Mittel für akute oder chronische Schmerzen) verdeckt werden können. Wenn der Hundepatient das erste Mal in die Praxis kommt, muss in der Anamnese unbedingt erfragt werden, ob er unter Schmerzmitteln steht, da ansonsten die Befundung verfälscht wird. Denn nimmt ein Hund schmerzstillende Mittel ein, bewegt er sich freier und zeigt kaum Lahmheiten, während er ohne Einsatz dieser Medikamente lahmen würde.

Bei einem chronischen Schmerzpatienten muss eine Ganzkörperuntersuchung erfolgen, die ein großes Blutbild unbedingt mit einschließen sollte.

Schmerzsymptome

So unterschiedlich Hunde sind, so unterschiedlich reagieren sie auch auf Schmerzen. Die meisten zeigen Schmerzen und Krankheitssymptome allerdings erst, wenn es ihnen wirklich schlecht geht. Dabei gibt es durchaus Anzeichen, die auf Schmerzen beim Hund hindeuten.

Schmerzsymptome beim Hund

- gesenkter Kopf
- herabhängender Schwanz
- gekrümmter Rücken
- Bewegungsvermeidung
- Unruhe
- Ungehorsam
- Schmatzen
- Jaulen
- Apathie
- Aggressivität
- Blick auf schmerzhafte Stelle
- Nagen an schmerzhafter Stelle
- Appetitlosigkeit
- Fressen ungewöhnlicher Dinge

Schmerz wird am stärksten bei Zähnen und Augen empfunden, gefolgt von Haut und Organen. Hochgradig schmerzhaft sind ebenfalls Verletzungen im Perinealbereich (Dammregion). Auch Verletzungen im Thorax (Brustbereich) und vorderen Abdomen (Bereich zwischen Brustkorb und Becken) erzeugen durch das Atmen starke Schmerzen. Knochen und Gelenke gelten dagegen beim Hund als relativ unsensibel, was Schmerzen anbelangt. Eine Ausnahme bildet dabei der chronische Schmerz bei pathologischen Veränderungen.

Wie der Hund auf Stress reagiert

- Vermehrtes Hecheln
- Speichelfluss
- Schweißbildung (Pfotenabdruck)
- Erhöhte Atemfrequenz
- Pupillenerweiterung
- Geduckte Haltung (Haltungsänderung)
- Bellen oder Beißen
- Beschleunigte Herzfrequenz
- Bluthochdruck
- Aggressivität oder Depression
- Zittern
- Haarverlust (manchmal nur am betroffenen Bereich)
- Hautschuppung
- Berührungsempfindlichkeit

Auffälligkeiten in Körperhaltung und Bewegung bis hin zu Schonhaltungen und Lahmheiten sind meist die Gründe für einen Tierarztbesuch. Dabei sollte man nicht außer Acht lassen, dass derartige Symptome auch von inneren Erkrankungen herrühren können.

Nicht nur Angst hat Einfluss auf das Schmerzempfinden des Hundes, sondern auch Stress. Hunde die unter Stress oder Angst leiden, empfinden Schmerz eher und stärker als psychisch unbelastete Artgenossen. Der Therapeut sollte daher in jedem Fall Stress und Angst vermeiden, um die Schmerzschwelle des Hundes zu erhöhen. Und nicht zu vergessen: Der Besitzer muss bezüglich Haltungsänderungen seines Hundes sensibilisiert werden.

Ursachen von Schmerzen

Die Ursachen können vielschichtig sein. Der Ursprung kann im muskulären, bindegewebigen, knöchernen oder nervalen Bereich liegen. Schmerzauslöser können sein:

- Degenerative Gelenkveränderungen
- Entzündliche Gelenkveränderungen
- Bänder- und Sehnenverletzungen
- Veränderungen an Schleimbeuteln
- Veränderungen an den Nervenbahnen
- Veränderungen an der Muskulatur
- Schnitt- oder Stichverletzungen

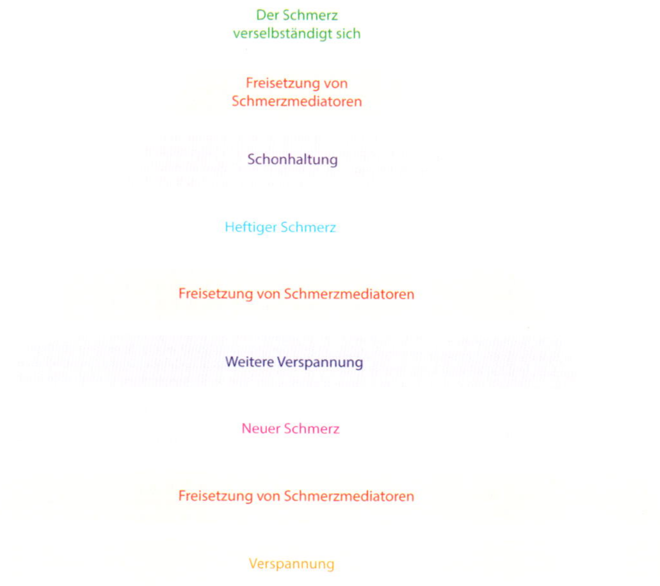

Über die Autorinnen

Sabine Baumgartner, Jahrgang 1967, ist diplomierte Hundephysiotherapeutin und diplomierte Hundehydrotherapeutin. Sie lebt mit ihrer Familie, zu der auch zwei Hunde und ein Pferd gehören, in der Schweiz, wo sie ihre Hundephysiotherapiepraxis mit eigenem Indoor-Pool betreibt. Außerdem bildet sie Hundephysiotherapeuten an der DogVita Akademie aus. Nebenbei ist sie als Celtic Reiki Therapeutin und pferdeunterstützter Coach auch für und mit den Menschen tätig.

Sabine Zemla war als Journalistin und Chefredakteurin für unterschiedlichste Medien tätig. Mittlerweile ist sie freiberufliche Texterin, arbeitet zudem als zertifizierte Hundephysiotherapeutin und schreibt Artikel rund um den Hund. Neben der klassischen Physiotherapie bietet sie weitere Behandlungsmethoden an. Einen Schwerpunkt ihrer Praxis „StabileHunde" in Bayreuth legt sie dabei auf verhaltenstherapeutische Maßnahmen bei ängstlichen und aggressiven Hunden.

Literaturverzeichnis

Bücher

Ahonen, Jarmo; **Lathinen**, Tiina; **Sandström**, Marita; **Pogliani**, Giuliano: Sportmedizin und Trainingslehre, 2. Auflage, Stuttgart, Schattauer, 2003

Challande-Kathmann, Iris: Rehabilitation und Physiotherapie bei Hund und Katz, 1. Auflage, Hannover, Schlütersche, 2009

Fischer, Martin S.; **Dr. Lilje,** Karin E.: Hunde in Bewegung, 1. Auflage, Dortmund, VDH Service GmbH, 2011

Gillert, Otto; **Rulffs,** Walther: Hydrotherapie und Balneotherapie, 11. Auflage, München, Pflaum, 1990

Hohmann, Mima: Bewegungsapparat Hund, 1. Auflage, Stuttgart, Sonntag, 2015

Hohmann, Mima: Physiotherapie in der Kleintierpraxis, 2. Auflage, Stuttgart, Sonntag, 2012

Loeffler, Klaus; **Gäbel,** Gotthold: Anatomie und Physiologie der Haustiere, 12. Auflage, Stuttgart, UTB, 2009

Dr. Meermann, Silke: "Sportphysiotherapie für Hunde" - Zeitschrift für Ganzheitliche Tiermedizin 2016; 30(01): 23-29

Millis, Darryl; **Levine,** David: Canine Rehabilitation and Physical Therapy, 1. Auflage, Oxford, Elsevier, 2012

Neumeister, Marc: Entwicklung der Hydrotherapie, 1. Auflage, München, Grin, 2005

Weber-Witt, Hannelore: Erlebnis Wasser (Rehabilitation und Prävention, Band 28), 1. Auflage, Berlin Heidelberg, Springer, 1994

Winnewisser, Sylvia: Gesund mit Wasser, 1. Auflage, Hannover, Humboldt, 2009

Wong, Emily: Swim to recovery, 1. Auflage, Dorchester, Hubble&Hattie, 2011

Zeitschriften

Hitz, Anna: "Hydrotherapie – Keine Wunderheilung, sondern gezielte Therapie" – Schweizer Hunde-Magazin 3 / 17

Huwyler, Marcel: "Bellen & Wellen" – Schweizer Illustrierte 28 / 2016

Ninomiya, Hiroyosh: "Functional anatomy of the footpad vasculature of dogs: scanning electron microscopy of vascular corrosion casts – Veterinary Dermatology, Volume 22, Issue 6 (Dezember 2011)

Siebertz, Susanne: "Viel mehr als nur Muskelaufbau" – Nippers 1 / 2017

Von Werthern, Cornelius: "Kreuzbandriss beim großen Hund" – Schweizer Hunde-Magazin 8 / 02

Internet

Alsen, Philip: "Hundepfoten: belastbar, verschleißbar und empfindsam" – www.dogs-magazin.de

Ganter, Daniel: "Kryotherapie" – www.netdoktor.de

Glöwing, Brigitte: "Erkennen, ob mein Hund Schmerzen hat" – www.dogs-magazin.de

Gräff, Christiane: "Das gezielte Aufwärmtraining" – www.fitforvets.de

Gräff, Christiane: "Cool down nach sportlicher Belastung" – www.fitforverts.de

Hilbert-Kzionska, Carolin: "Postoperative Kyrotherapie bei ausgewählten orthopädischen und neurologischen Erkrankungen beim Hund" – geb.uni-giessen.de / geb

Jung, Christoph: "Hunde schwitzen mit der Nase" – www.houndsandpeople.com / de

Maas, Marianne: "Schwimmen versus Unterwasserlaufband" – www.animalsport.at

Reiland, Britta: "Training, Rehabilitation und Bewegungsschulung im Unterwasserlaufband" – www.tierphysiotherapie.info

Rutten, Trudie: "Alle Hunde können schwimmen - falsch!" – www.hundereporter.de

Auftriebskraft – www.leifiphysik.de

Aufwärmen im Sport – www.kuhlen-unterricht-erleben.de / aufwaermen-im-sport

Aufwärmtraining und Abkühlung – www.abc-dev.de / artikel / Training / Training_I.html

Cool down – www.stadthunde.com / magazin / hundesport / hundesport-gesundheit

Ellenbogendysplasie – www.kleintierspezialisten.de / infothek

Energiehaushalt und Temperaturregulation – www.klinphys.charite.de

Geriatrischer Hund – www.healthydog.de / geriatrischer-hund

Geschichte der Hydrotherapie – www.onmeda.de / behandlung

Hecheln – www.wissen.de

Hundealter – www.senior-hunde.de /

Hundesenior – www.uebergrenzendenken.at / angebot / hund.htm

Hydrotherapie-Informationen – www.physiotherapeut.mobi / hydrotherapie

Indikationen für Schwimmtherapie – www.neufundlaender-in-not-ev.de

Kältetherapie – www.gesundheits-lexikon.com

Krankheitsanzeichen – www.dogs-in-balance.com / 160 / wellnesstherapie

Krankheitsbilder – www.flexikon.doccheck.de

Kryotherapie – www.kryo.info

Schmerzanzeichen – www.tierarztpraxis-moeller.de

Schmerzarten – www.bft-online.de

Schmerzempfinden – www.schmerzliga.de

Schmerzentstehung – www.apotheken.de / gesundheit-heute-news / article / wie-schmerzen-entstehen

Schwimmen beim Hund – www.hund-unterwegs.de / hunde-blog

Stangerbad – www.hundeseite.info

Therapeutisches Schwimmen – www.hundereha-filderstadt.de

Therapeutisches Schwimmen – www.hundetherapie-zentrum-pfalz.de

Therapeutisches Schwimmen – www.pferdeundhundemagazin.de

Thermoregulation – www.wikiwand.com / de

Thermoregulation beim Hund – www.hundestories.de

Thermotherapie – www.rheuma-liga.de

Training im Unterwasserlaufband – www.stabilepfoten.de

Übergewicht – www.drhoelter.de

Unterwasserlaufband versus Schwimmen – www.kynofit.ch

Viskosität – www.wasser-wissen.de

Vorteile Warm-up – www.sport.dog-in-motion.com / warm-up-fuer-agility-hunde

Warm-up – www.stadthunde.com / magazin / hundesport / hundesport-gesundheit

Index

Zemla, Sabine & Schmitt, Susanne

Dorn-Therapie für Hunde

Flexicover, 200 Seiten,
durchgehend farbig
ISBN 978-3-95464-151-2
Preis: **39,95 EUR**

Mittlerweile halten immer mehr alternative Heilungsmethoden aus dem Humanbereich Einzug in die Hundewelt – so auch die Dorn-Therapie. Die Art der Behandlung bleibt dabei weitestgehend erhalten, jedoch muss gerade diese Therapie speziell für Vierbeiner abgeändert werden. Wie beim Menschen stehen auch beim Hund die Wiederherstellung der korrekten Statik sowie das Beheben von Fehlstellungen des Skeletts im Vordergrund. Wirbelkörper und Gelenke können schonend wieder in die richtige Position gerückt oder die Folgen chronischer Erkrankungen gelindert werden.

Das erste Fachbuch zum Thema erklärt die Dorn-Therapie für Hunde übersichtlich und fundiert. Auf Anatomie und Pathologie wurde hierbei ebenso ein Augenmerk gelegt wie auf Ursachen und Auswirkungen von Fehlstellungen und Blockaden. Untersuchung und Behandlung von blockierten Wirbeln und Gelenken werden ausführlich und anhand zahlreicher Fotos sowohl am Skelett als auch am lebenden Hund erklärt. Fallbeispiele aus der Praxis runden dieses informative Buch über eine zwar sanfte, aber effektive Behandlungsform ab.

Heritier, Carmen & Rutz, Sandra

Praxisbuch Hundefitness

Flexicover, 288 Seiten,
durchgehend farbig
ISBN 978-3-95464-162-8
Preis: **39,95 EUR**

Das Praxisbuch Hundefitness ist für alle geeignet, die sich tiefergehend mit der Fitness von Hunden beschäftigen möchten, ob Hundehalter, - sportler, -trainer oder Physiotherapeuten. Es bietet zielgerichtetes Hintergrundwissen, um individuelle Trainingspläne auszuarbeiten, die auf die speziellen Bedürfnisse des jeweiligen Hundes angepasst werden.
Die effektiven Übungen, die nach zu trainierenden Körperpartien aufgesplittet sind, werden Schritt für Schritt über positive Verstärkung aufgebaut und bieten dank mehrerer Variationen Input für Anfänger und Profis.
Auch auf Hunde mit speziellen Bedürfnissen, wie Welpen, Senioren oder Hunde mit Handicaps wird hierbei eingegangen. Abgerundet werden die Fitness-Tricks durch Ideen für ein passgenaues Zirkeltraining, das das Training spaßig und abwechslungsreich gestaltet.